U0896580

序 言（一）

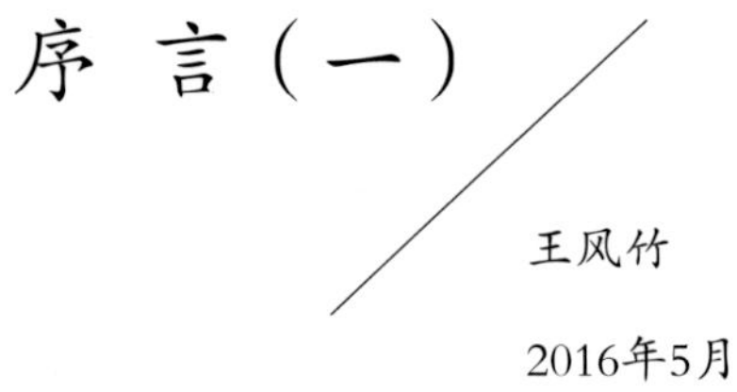

王风竹

2016年5月

城市是在人类社会发展中形成的。在一个城市形成与发展的进程中，它遗留有丰富的文物古迹，形成了各具特色展脉络和文化特色的重要表征要素，其中近代建筑因其特殊的历史背景，在城市发展历程中被众多研究者所关注。一有受到西方建筑文化的影响。鸦片战争以后，西方以武力强制打开了中国闭关锁国的大门，西方文化成为具有强势特展变化。

武汉是一座有着3500年建城历史的城市，中国历史上许多影响历史进程的重大事件发生在这里。在武汉众多的城近代最重要的对外通商口岸之一，英国、德国、俄国、法国、日本等国相继在汉口设立租界，美国、意大利、比利时埠的持续繁荣，近代建筑在武汉逐渐蔓延开来，并逐渐成为武汉建筑乃至城市风貌的有机组成内容，其中包括宗教、近代建筑，经历了北伐战争、抗日战争、解放战争的洗礼，经历了现代大规模城市开发的吞噬，消失者甚众，但目前国重点文物保护单位20处（其中，汉口近代建筑群、武汉大学早期建筑皆包括多处独立建筑）、湖北省省级文物保护中山大道历史文化街区，其中蕴含着大量近代建筑）（以上皆为2015年底的统计数据）。

武汉的近代建筑，是武汉重要的文化遗产，蕴含着丰富的历史文化信息，是近代武汉城市社会状况的重要物证，旧址（湖北咨议局旧址）、辛亥首义发难处——工程营旧址、辛亥革命武昌起义纪念碑、辛亥首义烈士墓等，是辛亥军事委员会旧址、八路军武汉办事处旧址、新四军军部旧址、国民政府第六战区受降堂旧址等，都是近代重要的历史武汉大学早期建筑群，是近代中西合璧建筑典型的代表，也是武汉大学校园作为中国最美大学校园的重要景观组成因而显得尤为珍贵。

从“武汉历史建筑与城市研究系列丛书”的写作计划及已完稿的书稿内容来看，该丛书主要针对武汉近代建筑关阐述与分析深入而全面，可以作为展示与了解武汉近代建筑的重要读本。同时这套书还有一个作用，就是让更多的畴，审慎地对待、探讨科学保护与更新的途径，让承载丰富城市历史信息的近代建筑得以保存下来、延续下去。最后

2017年武汉市社科基金后期资助项目，编号：17019
湖北省学术著作出版专项资金资助项目
武汉历史建筑与城市研究系列丛书

武汉近代金融建筑

图书在版编目（CIP）数据

武汉近代金融建筑／陈李波，徐宇甦，葛洪达编著．—武汉：武汉理工大学出版社，20
武汉历史建筑与城市研究系列丛书
ISBN 978-7-5629-5077-6

Ⅰ．①武… Ⅱ．①陈… ②徐… ③葛… Ⅲ．①银行－建筑－介绍－武汉－近代 Ⅳ．①TU-098.9

中国版本图书馆CIP数据核字（2016）第003793号

项目负责人：杨学忠
总责任编辑：杨　涛
责 任 编 辑：杨　涛
责 任 校 对：丁　冲
书 籍 设 计：杨　涛
出 版 发 行：武汉理工大学出版社
社　　　址：武汉市洪山区珞狮路122号
邮　　　编：430070
网　　　址：http://www.wutp.com.cn
经　　　销：各地新华书店
印　　　刷：武汉精一佳印刷有限公司
开　　　本：880×1230　1/16
印　　　张：13
字　　　数：291千字
版　　　次：2016年11月第1版
印　　　次：2016年11月第1次印刷
定　　　价：290.00元（精装本）

凡购本书，如有缺页、倒页、脱页等印装质量问题，请向出版社市场营销中心调换。
本社购书热线电话：027-87515778　87515848　87785758　87165708（传真）

史街区，荟萃了不同历史时期的各类遗产，从而积淀了深厚的文化底蕴。在各类城市遗产中，历史建筑是体现城市发
言，中国近代建筑指近代形成的西式建筑或中西结合式建筑。鸦片战争以前，清政府采取闭关锁国政策，中国基本没
外来文化，不同形式的西式建筑陆续在中国出现，西方建筑文化开始对中国产生巨大影响，加快了中国近代建筑的发

史遗产中，近代建筑是其中丰富而独特的一部分。鸦片战争以后，中国开始了工业化，进入近代社会，汉口成为中国
麦、荷兰、墨西哥、瑞典等国也相继在汉口设立领事馆（署），西式建筑文化开始大量传入武汉。其后，随着汉口商
、办公、教育、医疗、住宅、旅馆、商业、娱乐、交通、体育、工业、市政、监狱、墓葬等众多的建筑类型。武汉的
仍然较大，仍然是中国近代建筑保有量最多的城市之一，许多重要建筑与代表性历史街区仍然保存完好，其中包括全
60余处、武汉市市级文物保护单位60余处、武汉市近代优秀历史建筑201处、第一批中国历史文化街区1处（江汉路及

汉作为中国历史文化名城的重要支撑。其中，部分建筑具有全国性的突出价值和影响力，如辛亥革命武昌起义军政府
的重要遗址或纪念地；中共中央农民运动讲习所旧址及毛泽东故居、中共八七会议会址 、中共五大会址、国民政府
；汉口近代建筑群，是武汉近代建筑的重要代表，是武汉城市特色的重要构成，也是中国较为独特的城市景观之一；
。上述这些近代建筑是武汉近代社会精神文化的物质载体，从一个侧面体现了中国近代社会中一座城市的变迁过程，

要建筑类型，史料价值很高，所选案例比较具有代表性，技术图纸、现状照片能够反映武汉历史建筑的基本特征，相
学者深入研究，进而间接提醒城市的管理者深入思考，将这些近代建筑与其共处的历史街区及环境纳入整体保护的范
望该丛书以更为完美的结果，早日、全面地呈现给社会。

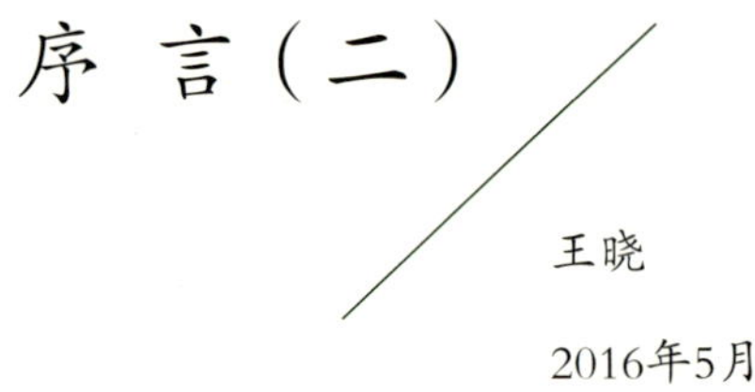

序 言（二）

王晓

2016年5月

中国近代建筑，广义地指中国近代建设的所有建筑，狭义地指中国近代建设的、源于西方或受西方影响较大的
中国传统建筑体系的延续，二是西方建筑体系（主要包括西方传统建筑体系的延续及西方早期现代建筑体系，其中部
1~2层为主，所以在经历了近代多次战争及大多城市的现代野蛮再开发之后，在城市中已所剩无几。而属于西方近代建
之间，西方式样的近代建筑，在中国长期被视为殖民主义的象征，特别是租界建筑，大多被视为耻辱的印记，人们的
类建筑的历史文化、科学技术与艺术价值也逐步得到社会的广泛重视，保护力度日益加强。

在当代中国城市中，近代建筑保有量与原租界面积大小密切相关。在近代中国，上海、天津、武汉、厦门、广州
相关，并据初步调查，中国目前存有近代建筑最多的城市，当属上海、天津、武汉。

1861年汉口开埠以后，英国、德国、俄国、法国、日本等国相继在汉口开辟租界，美国、意大利、比利时、丹麦
武汉快速发展。民国末期，近代建筑已经成为武汉城市风貌特色的重要组成部分。目前，武汉的近代建筑保有量及丰
布在汉口沿江历史风貌区内；以武昌次多，主要分布在武昌昙华林历史街区及武汉大学校园内；其余零星分布于武汉
几乎涵盖了西方古代至近代的主要建筑风格，且不止于此，主要包括西方古典风格、巴洛克风格、折衷主义风格、西
期建筑群、湖北省图书馆旧址、翟雅阁健身所等，具有显著的中西合璧特点；如古德寺，完美地糅合了中西方与南亚

武汉近代建筑，还包括大批各级文物保护单位及武汉优秀历史建筑，充分说明了武汉近代建筑具有独特的价值；
市研究系列丛书”选择了其中最能反映武汉近代建筑特点的教育建筑、金融建筑、市政·公共服务建筑、领事馆建筑
等类型，以简明的文字、翔实的图纸与图片，展示了其中的典型案例。虽然其中仍然存在一些瑕疵，但作为相关建筑
点。

近20年来，武汉理工大学不断对武汉近代建筑进行测绘及研究，形成了大量相关成果，因此，此丛书不仅凝聚着
和房屋管理局及武汉市城乡建设委员会等政府部门的相关领导一直敦促与支持武汉理工大学深入进行武汉近代建筑的

筑。一般情况下，多指后者。广义的中国近代建筑，可称为“中国近代的建筑”。这些建筑，主要属于两大体系：一是
建筑糅合了中国传统建筑的某些特征）。属于中国传统建筑体系的近代建筑，由于采用了相对较易受损的木结构，且以
系的中国近代建筑，由于结构相对不易受损，所以虽然损毁较多，但在部分城市中仍有较多遗存。约在1950—1990年
意愿淡薄，甚至不愿意保护；约在2000年以后，随着历史建筑大量、快速的消失，以及国人文化视野的逐渐开阔，此

镇江、九江、杭州、苏州、重庆等城市曾设有不同国家的租界，其中依次以上海、天津、武汉、厦门的面积为大。与其

兰、墨西哥、瑞典等国在汉口设立领事馆，外国许多银行、商行、公司、工厂、教会也逐渐在武汉落户，近代建筑在
，在全国仍然位于三甲之列，仍然是武汉城市风貌特色的重要组成部分。武汉现存的近代建筑，以汉口最多，主要分
。上述建筑，包括办公、金融、教育、医疗、宗教、居住、商业、娱乐、工业、仓储、体育等诸多类型。上述建筑，
期现代建筑风格、中西糅合风格等等，可谓琳琅满目、丰富多彩。其中，许多建筑具有较强的独特性，如武汉大学早
风格，即使在世界范围内也属较为独特的。
，还包括一些暂时没被纳入文物保护单位或武汉优秀历史建筑目录的，也具有珍贵的保护价值。“武汉历史建筑与城
馆·别墅·故居建筑、洋行·公司建筑、近代里分建筑、宗教建筑、公寓·娱乐·医疗建筑、饭店·宾馆·交通建筑
与设计的参考，作为建筑爱好者的知识图本，仍然具有较为全面、较为丰富、技术性与通俗性结合、可读性较强的特

者的心血，也凝聚着武汉理工大学相关师生的多年积累。近些年来，湖北省文物局、武汉市文化局、武汉市住房保障
，社会各界对武汉近代建筑的关注也不断升温，因此，此丛书的出版也是对上述支持与关注的一种回应。

前 言

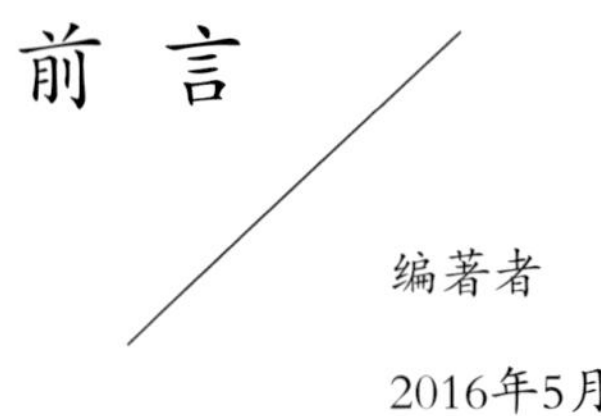

编著者

2016年5月

本书以汉口开埠后外资银行的介入为时间起点，结合通商口岸的开设对汉口建筑业、金融业发展的影响，对武
用，并希望借此对历史建筑的保护提供新的思路与启示。

以武汉近代金融建筑为契机，寻求武汉城市可持续发展中的“文化驱动力”与“金融延续力”在优秀历史建筑中

首先，武汉近代金融建筑作为城市可持续发展的“文化驱动力”而存在。历史建筑作为文化的载体，其所蕴含的
式流派于一体的武汉近代金融建筑中尤其突出。究其缘由，是因为武汉近代金融建筑的特殊性质能够直接反映当时的
武汉成为近代建筑中的经典。

其次，武汉近代金融建筑作为城市可持续发展的“金融延续力”而存在。一个城市的金融实力在城市经济的可持
的优势，无疑是城市经济实力的重要体现。在所列举的16个金融建筑案例中，延续金融功能的多达10处，占62.5%，
（影楼、商铺）2处，占12.5%；其他企业办公1处，占6.2%。在城市经济形式与建筑功能格局发生剧烈变化的今天，这
求我们更快地提出并制定对这些建筑进行保护与传承的相关制度。

本书着重探寻以下三个议题：

一、以“历史信息”的真实性为要义，采用实地勘测与档案查阅相结合的方式，为武汉近代金融建筑建立详细的

研究人员广泛采集素材，反复分析、分类、筛选，精心构思编排，直至汇总，并以不同建筑类别，收录建筑实物
华俄道胜银行汉口分行、汉口横滨正金银行、中国银行汉口分行、汉口盐业银行、汉口金城银行、浙江实业银行汉口
绘制均以实地测绘为主，辅以历史考证与档案查阅，力求金融建筑信息的真实性、完整性与代表性。所建立起的武汉

（一）技术图纸部分

以实测线稿为主，具体包括建筑平面、立面、剖面、门窗大样、节点构造，所绘图纸均达到方案设计深度。

（二）建筑信息模型（SketchUp模型）与实景照片

代金融建筑的建筑技术、建筑细部、风格特征以及艺术价值加以总结与思考，以供现今武汉乃至中国金融建筑设计所

的可行性。

文化与价值当仁不让地成为城市可持续发展的文化动力，是城市独具魅力的名片与标志，而这在集建筑艺术风格、形

文化发展特点和国际上的建筑思潮变化，也因为作为金融建筑，其建筑质量往往高于同时期其他类型建筑，从而成为

展中占有举足轻重的地位，而最为重要的是其在历史上的延续力。一个金融强市是否能够延续历史的辉煌，传承历史

，完全延续银行金融功能的有8处；市级艺术文化类功能（图书馆、美术馆、纪念馆）3处，占18.8%；一般商业功能

代金融建筑的大部分依旧延续其最初的金融功能，很好地诠释出城市金融的持续力，不得不说是一种奇迹，而这也要

图纸与文字档案

料保存相对完整的16个案例，具体包括：汉口麦加利银行、汉口汇丰银行、东方汇理银行汉口分行、汉口花旗银行、

、汉口交通银行、上海银行汉口分行、中国实业银行、四明银行汉口分行、台湾银行汉口分行、汉口商业银行。图纸

金融建筑档案，包括三个部分：

照片部分与线图、细部大样相对应，力求更加全面、真实与直观地解析建筑；建构建筑信息模型，凭借相关软件

（三）文字描述

介绍和梳理金融建筑的历史沿革与发展历程。

二、学术研究与大众普及并重，在挖掘武汉近代金融建筑的特征与脉络的同时，在市民中普及推广武汉优秀历史

通过文字、实测线图、实景照片、分析图相结合的表现形式，图文并茂地展现武汉近代金融建筑的风采与特色，现艺术欣赏价值与学术科研价值并重。这样做目的有二：

首先，在武汉市民中推介武汉近代金融建筑，加强公众参与层面，提升市民历史文化修养，同时也将文化武汉的

其次，通过线描图纸加上照片、建筑信息模型这样直观的手段，为今后模拟展示武汉近代金融建筑提供平台与基风采。

三、通过分析图则的方式，对武汉近代金融建筑进行系统分析与归纳、整理

结合专业特点，本书主要采用分析图则的方式，结合相应资料梳理，对既有技术图纸进行图则分析。此做法的好

分析图则的构成和思路具体如下：

（一）基于建筑平面图的分析图则，主要包括：建筑环境“图与底”的分析、建筑构图分析、轴线分析、建筑功

（二）基于建筑立面图的分析图则，主要包括：体量分析、构图分析、设计手法元素分析等；

（三）基于建筑剖面图的分析图则，主要包括：自然采光与通风、构造与结构分析等；

（四）基于门窗建筑大样与节点构造的分析图则，主要包括：细节处理分析、构图比例分析等。

本书力求图文并茂地展现武汉近代金融建筑的风采与特色，并在照片、图形处理上做到结构明晰、构图新颖、表

当然，由于全书涉及内容年代跨度较大，并因历史原因，资料搜集整理颇为艰辛，故编写时难免挂一漏万，不足

湖北省文物局、武汉市文化局与武汉市房地产管理局等单位对本书编著过程高度重视，并在具体测绘过程中给予及地提供后勤保障与支持。没有上述单位和领导的支持，本书的编著工作实难完成，在此一并表示感谢。

莫，实现全景、动态观察建筑外部与内部。

筑文化

力求在照片、图形处理上做到构图新颖、表达准确、艺术性强，而在文字部分则力求结构清晰、简明扼要、可读性强，实

给推向全国，进而走向世界；

（毕竟许多建筑已时过境迁，市民已然无法亲身经历与参与），同时借助网络优势，无界域性地传播武汉优秀文化与名城

在于：清晰明确与系统全面，同时对现今建筑设计具有较强的参照性和借鉴性。

与流线分析、建筑院落布局分析等；

准确、艺术性与通俗性并重，实现学术科研价值与鉴赏收藏价值并重。

之恳请专家批评指正。

大力协助与支持。此外，武汉理工大学土木工程与建筑学院的各级领导与行政部门也极为支持本书的编著工作，并力所能

目录

0
导言

导言 武汉近代金融类建筑

武汉，素有“九省通衢”之称，具有良好的区位优势，商贸活动也因此得以兴盛。1861年汉口开埠后，武汉作为新的通商口岸，资本主义金融模式开始对武汉传统金融业产生影响，传统的票号和钱庄已不能满足经济发展的需要，新型的金融建筑开始在近代武汉发展壮大。

第一节 武汉近代金融建筑发展历程

汉口开埠后，贸易活动急剧增加，但武汉的外商办理本国汇款业务周转极为不便，于是外国银行开始在汉口设立分支机构，武汉遂出现近代金融机构。外国近代金融机构纷纷移植武汉后，对武汉传统金融机构冲击极大，银行逐渐替代了传统钱庄。随着外资银行的发展，中资银行、中外合资银行也逐渐兴起。

根据武汉近代金融建筑形成背景和发展过程，可将其历史划分为萌芽期、发展期、兴盛期、停滞期和恢复期五个时间段（表0–1）。

表0–1 武汉近代金融建筑历史分期表

分期	历史背景	年份	历史概要
第一阶段：萌芽期（1861—1897）	汉口开埠后各国相继设立租界区，外资金融建筑开始借势发展。	1861年	英国汇隆银行在汉口设立代理处，开创武汉设立银行先河。
		1863年	由于英、俄两国茶商的竞争，使得茶叶价格不断上涨，英国麦加利银行借此机会建立分行，向外商提供购茶贷款，也成为武汉第一家外资银行。
		1866年	汇丰银行在汉口设立分行。
		1869—1896年	德国德华银行、英国汇丰银行、日本横滨正金银行、法国东方汇理银行、美国花旗银行等20多家外资银行纷纷在武汉地区开办分行。
第二阶段：发展期（1898—1925）	随着外资银行的扩张，一些“中外合资银行”也慢慢出现，武汉本地金融业受到很大冲击。鄂省总督张之洞在此期间建立湖北官钱局，同时也建立了武汉规模庞大的官办金融机构。至此，武汉近代金融建筑进入了发展期。	1896年	华俄道胜银行汉口分行建成（中俄合资）。
		1908—1911年	户部银行改名为大清银行（最早的中资银行，1911年辛亥革命后改组)，随后浙江兴业银行、交通银行、信成银行和华义银行等也来汉设立分行,湖北铁路银行在汉建立总行。直到1911年，武汉共开设有8家中资银行。
		1912年	中法实业银行汉口分行建成（中法合资）。
		1917年	中国银行汉口分行建成。
		1919年	中华懋业银行建成（中美合资）。
		1920年	华义银行建成（中意合资）。

续表0-1

分期	历史背景	年份	历史概要
第三阶段：兴盛期（1926—1937）	国际金融形势受第一次世界大战影响发生巨变，武汉外资银行业务萎缩，大量中资银行兴起，武汉近代金融建筑发展进入兴盛阶段。	1926—1937年	在此期间，武汉先后建立37家中资银行，其中包括了著名的北四行和南三行的汉口分行（北四行：中南银行、金城银行、大陆银行、盐业银行。南三行：上海银行、浙江实业银行、兴业银行）。
第四阶段：停滞期（1938—1944）	抗日战争期间，随着武汉沦陷和太平洋战争的爆发，大部分外国银行职员撤回国，多数外资银行建筑相继被日本控制和接管。同时，大多数的中资银行也内迁西南。武汉近代金融建筑的发展也进入了停滞期。	1938—1944年	武汉仅存汉口银行、台湾银行汉口分行和横滨正金银行汉口分行等三家日资银行。
第五阶段：恢复期（1945—1949）	抗日战争胜利后，官僚资本慢慢恢复，武汉近代金融建筑也随着金融业的回暖进入恢复期。	1945—1948年	官僚资本的中国、中央、四行、交通、邮政储金汇业局和中央信托局以及湖南湖北的银行在汉口相继恢复营业，在此期间武汉还新建了27家银行。至1948年武汉的中资银行前后出现了60家。

第二节　武汉近代金融建筑特征

武汉近代金融建筑因其特殊的性质，直接反映出当时的经济文化发展特点和国际上的建筑思潮变化，建筑质量也往往高于同时期其他类型建筑，成为武汉近代建筑中的经典。

图0-1　砖木结构的东方汇理银行汉口分行

图0-2　砖木结构的汉口麦加利银行

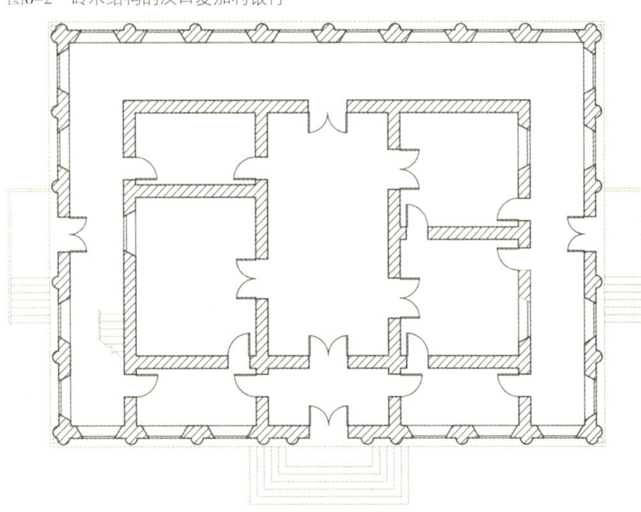

图0-3　东方汇理银行汉口分行平面图

一、结构形式与平面特征

武汉近代金融建筑中，以钢筋混凝土结构为主，个别为砖木结构。现存的砖木结构的实例仅有东方汇理银行汉口分行和汉口麦加利银行（图0-1、图0-2）。

针对银行营业大厅的跨度较大这一特点，其建筑本身大都采用井字梁结构，并且利用井字梁形成的造型来作为天花装饰的主要内容。为了解决大厅内部采光的问题，设有考究的天窗，例如汉口汇丰银行上有3个穹顶形玻璃天窗，横滨正金银行也有3个并排的矩形平天窗。

武汉近代金融建筑平面绝大多数为对称式，例如东方汇理银行汉口分行、汉口交通银行、台湾银行汉口分行和汉口汇丰银行等。虽然华俄道胜银行总体布局为不对称式，但在主要入口处和主要立面处理上还是采用了对称式布局。

建筑平面布局都较为简洁、对称、开敞、舒适（图0-3）。从建筑入口直接进入银行的营业大厅办理业务，营业大厅内通常由柱子来支撑结构和分割空间，在柱间往往设有柜台栏杆，柱子一边是顾客，一边是工作人员，宽敞的营业大厅既满足了银行人流量大、便于疏散的功能要求，又满足了讲求气派的形式要求。银行的办公室、管理间则设在大厅的后部和两翼，一边是开放空间，另一边是内部空间，功能分区十分合理。

二、建筑造型风格

武汉近代金融建筑的造型风格也是武汉近代社会文化、经济和政治方面的侧面写照，其外观多数雄伟耸立，色彩稳重大方。对称的建筑造型隐喻着可靠、稳重、尊贵，高耸的建筑外观隐喻着权力、威严、实力，加上蕴含着秩序感的西方柱式，这些都是武汉近代金融建筑永恒的造型主题。从造型风格上来说，武汉近代金融建筑大概可以分为以下四种类型：

（一）券廊式风格

券廊式又叫殖民地式[①]。券廊式风格金融建筑的演变趋势是由简到繁，从最初强调秩序感过渡到后来的追求装饰效果。外廊的构成由连续的柱廊变为连续券，进而成为券柱式的构图，同时出现多券的混合使用。如武汉租界区的麦加利银行，是券廊式立面风格的典型代表，也是武汉现存最早的近代金融建筑。其外墙运用麻石装饰，竖向用两层壁柱划分，柱头刻有精致的石雕。底层设置平窗，二、三层设有连续的半圆券廊，其屋面采用铁皮瓦，建筑四角均设有一个英国古典风格的方斗角塔（图0-4）。

（二）古典复兴风格

古典复兴式造型风格遵循稳定、对称、秩序的构图原则，以古代记功柱、神庙、凯旋门、广场等纪念性建筑作为借鉴的榜样。其大体上分为希腊复兴式和罗马复兴式，德国和英国主要以希腊式为主，而法国则以罗马式为主，由于这两种风格传入武汉的时间相对滞后，加上武汉当时经济、政治、环境因素的影响，其古典复兴式的银行建筑比欧洲古典复兴风格相对简化些。总的来说，武汉古典风格式的金融建筑并非完全按照西方古典风格建筑的设计方式建设，其或多或少会掺杂其他风格的建筑形式及要素，如汉口汇丰银行以及台湾银行（图0-5、图0-6）。

图0-4　麦加利银行南立面券廊

图0-5　汉口汇丰银行

图0-6　台湾银行

① 殖民地式是一种周边做拱券廊的1~3层砖木结构房屋。

（三）折衷主义风格

折衷主义也称为集仿主义，源于19世纪的欧洲，其在创作方式上没有任何拘束，往往采用多种形式的建筑语言，并将其有机组合。在近代中国，折衷主义建筑风格则集合了各种西方古典建筑风格以及中国传统建筑形式，出现了很多别具特色的建筑。在武汉近代金融建筑中，其中最具代表性的就是汉口商业银行。其立面采用立面三段式构图，古典柱式的应用大大丰富了立面造型，顶层设计有相对独立的中国传统风格的歇山屋顶，良好地点缀了整个建筑形体（图0–7）。

（四）装饰艺术风格

20世纪20年代后半期，Art Deco（装饰艺术）风格在西方慢慢开始流行，这种创作思潮对中国建筑师的影响也是巨大的。在这一时期，武汉近代金融建筑作为高大建筑的典型范畴也面临着这一思潮的冲击，近代建筑师们往往将中国古典元素以摩登的表现形式加以塑造和表现，武汉金融建筑中最为典型的例子就是卢镛标先生的代表作——四明银行。四明银行沿街立面底层采用麻石砌筑，以上为水刷石粉面，外观简洁明快，立面参照了装饰艺术风格中折线形摩登风格，直

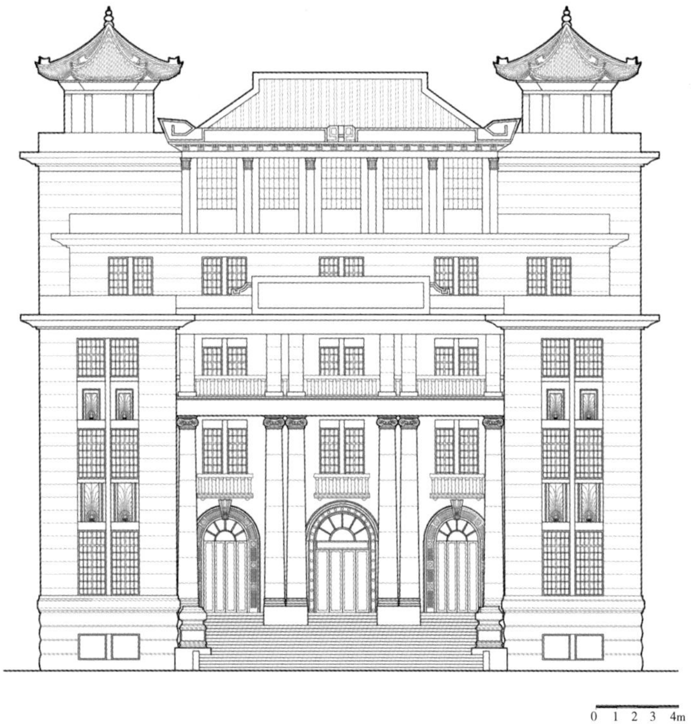

0 1 2 3 4m

图0–7　汉口商业银行立面造型

线通顶，简洁明快。它从诞生之时开始，便揭开了武汉近代金融建筑发展史上新的篇章（图0-8）。

图0-8 装饰艺术风格的代表作——四明银行

三、建筑细部处理

（一）外立面

金融建筑的外立面大部分运用石材或模仿石材的质感，以表达银行的信誉坚如磐石。外立面的装饰和材料在两个时期呈现两种风格：在1926年之前建成的武汉近代金融建筑，如汇丰银行、中国银行等大多采用外廊立柱，且立面材质多为麻石。1930年后建设的金融建筑，立柱与外墙都是用砖砌而成，并用水刷石子饰面（图0-9）。

图0-9 近代金融建筑外立面构成

图0-10　东方汇理银行女儿墙

图0-11　华俄道胜银行组合窗

（二）女儿墙

武汉近代金融建筑的装饰主要集中在这个部位，特色各异。大部分建筑的女儿墙为实体，强调银行的庄重、严谨，汉口交通银行、横滨正金银行、汉口盐业银行等还在主入口上部对应的女儿墙上做高起的徽标造型的装饰物，突出了建筑入口和轴线。

东方汇理银行汉口分行檐口上部砌栏杆式女儿墙，护栏饰以绿色玻璃宝瓶（图0-10）。汉口花旗银行、浙江实业银行汉口分行采用砖砌栏板与铁质栏杆相结合，构成既通透又敦实的效果。汉口大孚银行、四明银行汉口分行则舍去复杂的装饰，直接用壁柱延伸至女儿墙，与墙身融为一体，简洁明快。

（三）门与窗

武汉近代金融建筑门窗形态各异，但是基本上来讲整体是分为两种形态：直线型和曲线型。总体上来说，武汉近代银行建筑都是追求简洁，主要装饰全部集中在门窗上的线脚，门窗本体大多都是标准几何形体，长方形、圆形和曲线形。不同的排列组合也可以形成不一样的形式，例如汇丰银行顶部塔楼组合窗，由三个单窗水平组合而成。华俄道胜银行立面由多个三扇长条形窗组合而成。单扇和组合门窗都体现出近代金融建筑的端庄大气之感（图0-11）。

（四）装饰纹样

装饰线脚是武汉近代金融建筑不可或缺的一部分，立面柱式圆形线脚细部，构成繁多的序列，体现出严谨、豪华和明快的意向，更倾向于世俗的审美。随着外来文化的融入和佛教的盛传，近代金融建筑很多装饰线脚都受其影响。例如中国银行门前的葫芦绶带纹路，其寓意“福、禄、寿”，很具有代表性。祥云纹路也是作为一种独特的造型语言流传至今。其蕴含的寓意不只是装饰性的，也是具有象征性的。在西方古典构图的立面形式上，近代金融建筑就融入了这种细部线脚类型，体现了中国人的气论思想和审美心理。例如中山大道大孚银行将祥云纹路重复构成，并且运用各类造型进行分割，产生序列美感。铜钱纹同样是近代金融建筑装饰线脚的重要组成，反映了人们对财富的向往和对美好生活的憧憬。江汉路较多银行建筑立面都运用了铜钱纹样，主要是在门楣、柱头和墙头等处。铜钱纹种类繁多，不同的样式进行叠加之后显示出更丰富的层次感，有四方连续纹样和单独纹样，都显示出了近代工匠的精湛技术（图0–12）。

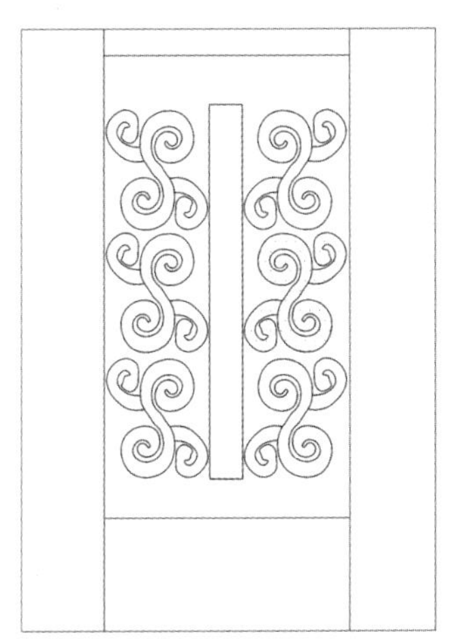

中国银行：葫芦绶带装饰线

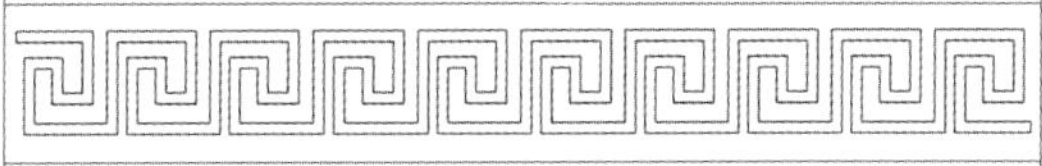

盐业银行：铜钱纹路装饰线

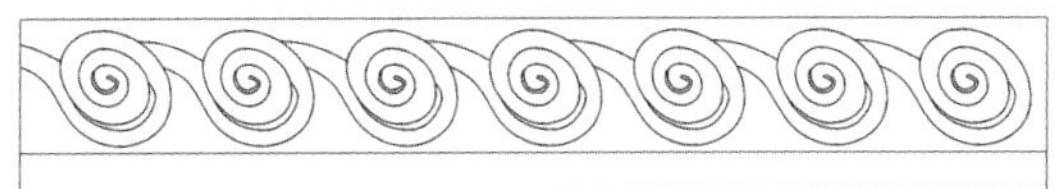

大孚银行：祥云纹路装饰线

图0–12　汉口近代金融建筑上的装饰图案

（五）天花吊顶

武汉近代金融建筑大多在营业大厅内都有天花吊顶，以及白色石膏做成的欧式线脚和浅浮雕装饰，或刚柔并济，或简洁圆润，或繁复华丽。这些都让近代金融建筑的古典风格达到内外统一。装饰构件做法极为考究，自然光的引入给大厅增添了多彩的眩光，大多数天花都雕刻有铜钱雕饰，起初可能不是仅仅做装饰之用，大概还有希望生意兴隆之意。花和周围柱饰、木墙板的巧妙组合，更加凸显出整个银行建筑中庭的富丽堂皇（图0–13）。

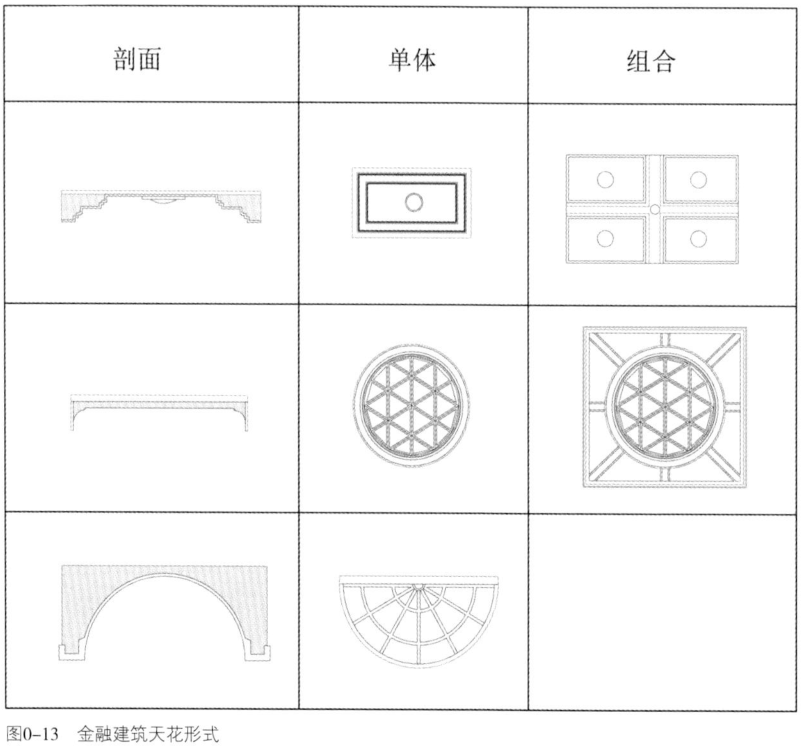

剖面	单体	组合

图0–13　金融建筑天花形式

01
第一章

第一章 汉口麦加利银行大楼

汉口麦加利银行大楼位于汉口洞庭街41号，英国发德普建筑公司承建，建于1865年，为三层砖木结构建筑，是汉口开埠史上有记载的第一幢外国银行建筑，建筑面积2275m²，现为中国银行武汉分行。2008年麦加利银行被公布为湖北省文物保护单位。

第一节 历史沿革

汉口麦加利银行大楼历史沿革

时 间	事 件
1853年	麦加利银行，最初名为英商渣打银行，本部设在伦敦，是英国皇家特许开展殖民地业务的银行。
1858年	该行在上海老北门街（今河南南路）设立分行。
1861年	汉口开埠，当时茶叶在汉口进出口贸易的产品中占据重要地位。由于英、俄两国茶商的竞争，使茶叶价格不断上涨，每年营业额达到三千万两白银以上，麦加利银行利用此商机，从上海行派员抵汉口，设立分行。
1863年	麦加利银行汉口分行开设，是汉口第一家外资银行。
1911年	所有外来银行联合成立汇兑银行工会，麦加利银行因其为汉口开埠后第一个外国银行，成为工会“永久”主席。
1998年5月	被公布为武汉市文物保护单位。
2008年3月	被公布为湖北省文物保护单位。

第二节 建筑概览

麦加利银行最初创建于1853年，总部设在英国伦敦，是英国皇家特许开展殖民地业务的银行。英文名为The Chartered Bank of India Australia and China，该行习惯被译作“渣打银行”，“渣打”是“chartered”的音译。之后因为第一任总经理的名字叫“麦加利”，于是被称为“麦加利银行”。麦加利银行在中国设立分行，目的是支持英国商人在中国、印度、澳大利亚等地方的贸易活动。银行主要经营贷款、存款、汇兑等业务，除此之外也对清政府放款，成为英国在华的重要金融机构之一，影响力仅次于英国的汇丰银行。后来扩大业务，发行纸钞，流通于上海、天津、汉口等地。

汉口麦加利银行大楼为古典主义建筑。这座褐黄色的建筑物为汉口开埠后的第一家外国银行建筑。设计师以及设计单位不详，英国发德普建筑公司承建。三层砖木结构，长方形平面，铁皮瓦屋面，建筑四角设有英国古典式红色方斗型斜角塔，颇有哥特式建筑风味。门窗为拱券式，富有韵律感。建筑上下三层的四面都建有贯通走廊，每一侧的外立面上都有十个透空拱券，上两层拱券外配以花瓶式栏杆，搭配和谐，形成剔透空灵的艺术效果，这样的设计也是为了适应汉口沿江一带夏季炎热潮湿的气候，这种建筑形式来源于南亚殖民式建筑风格。整个回廊门窗连续发券，细部精致，雕饰精美。墙体为水泥抹面拉毛。檐部雕饰为一些植物图案。整个大楼造型对称严谨，气魄宏伟，迄今已有141年的历史。

汉口麦加利银行大楼照片详见图1-1至图1-9所示。

图1-1　汉口麦加利银行大楼透视实景图

图1-2　汉口麦加利银行大楼沿洞庭街立面实景图

图1-3　汉口麦加利银行大楼沿青岛路立面实景图

图1-4　锥形屋顶

图1-5　内走廊

图1-6　窗户（1）

图1-7　窗户（2）

图1-8　窗户（3）

图1-9　透空拱券

第三节　技术图则

依据建筑实测图纸，部分辅以三维建模，用技术图则方式解析汉口麦加利银行大楼建筑的环境布局、平面布置、功能流线、围护结构、采光及通风等规划建筑诸元素。麦加利银行技术图则详见图1-10至图1-21所示。

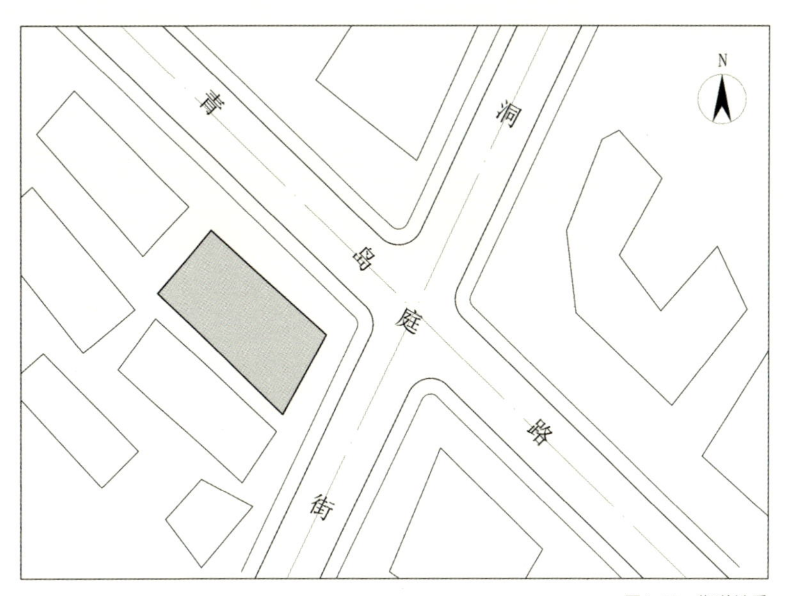

图1-10　街道关系

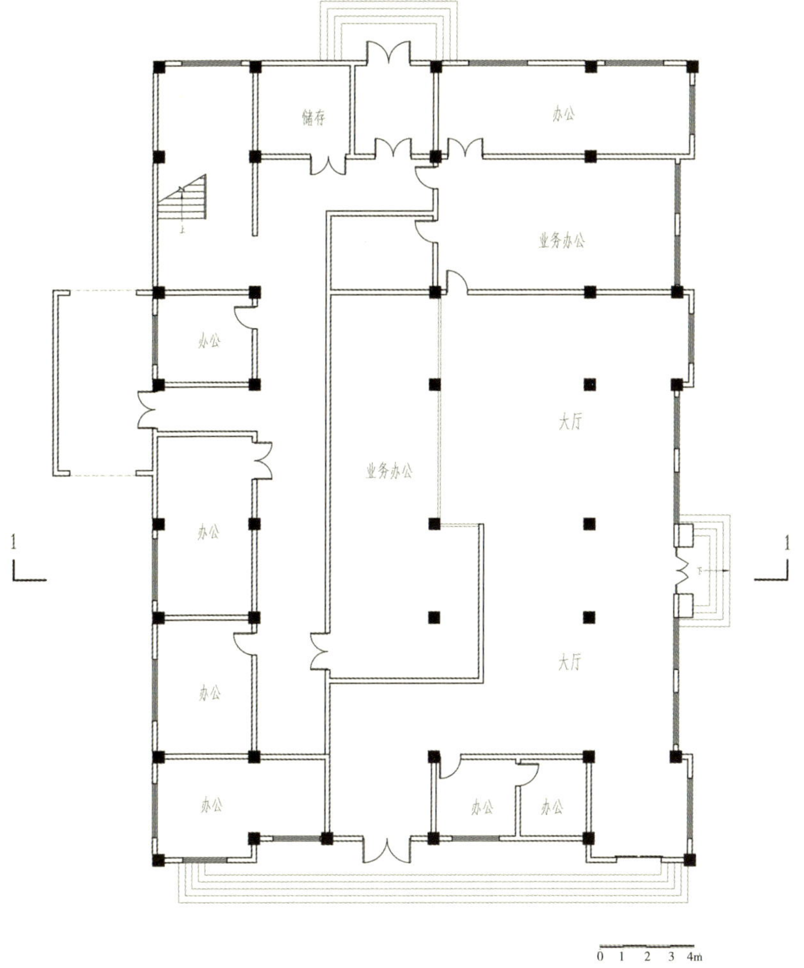

图1-11　一层平面图

0 1 2 3 4m

图1-12 沿洞庭街立面图

0 1 2 3 4m

图1-13 沿青岛路立面图

图1–14　1–1剖面图

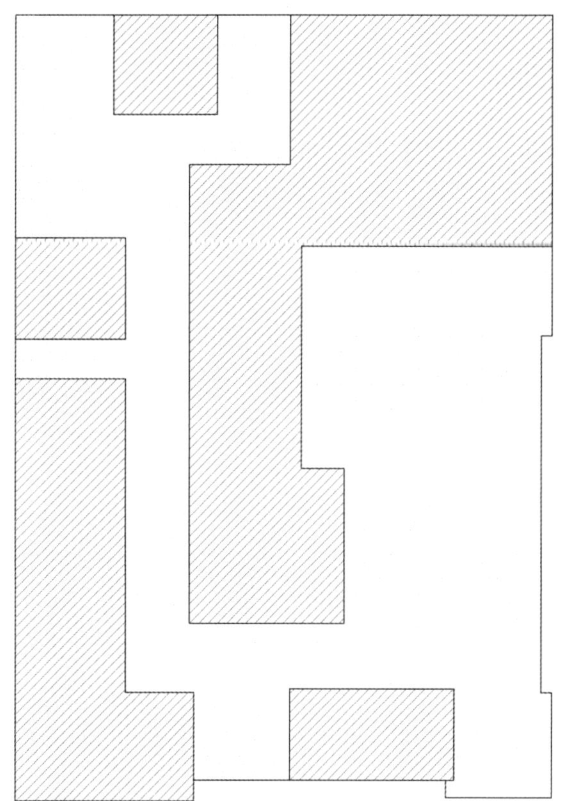

私密空间

公共空间

图1–15　公共与私密

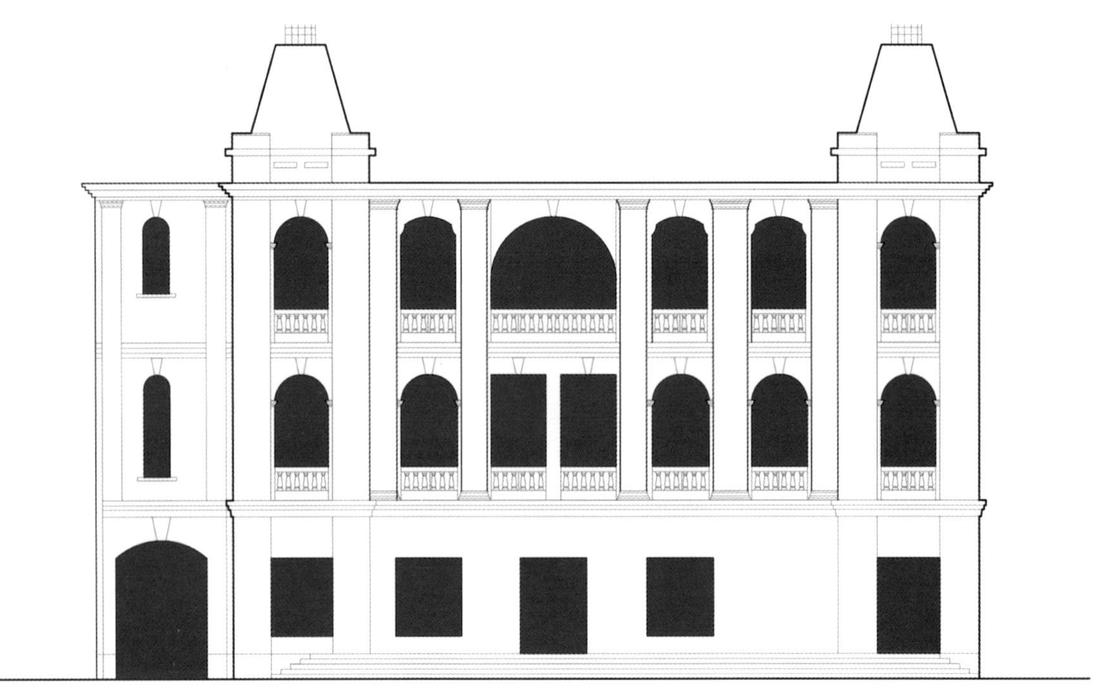

图1-16　立面凹凸

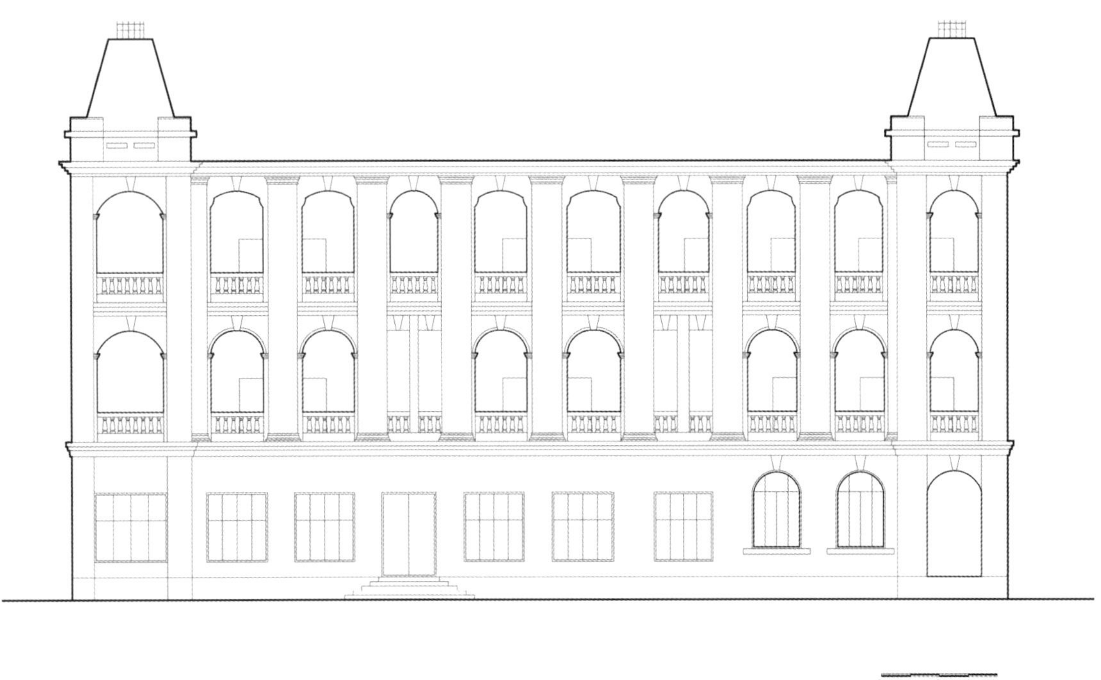

图1-17　韵律

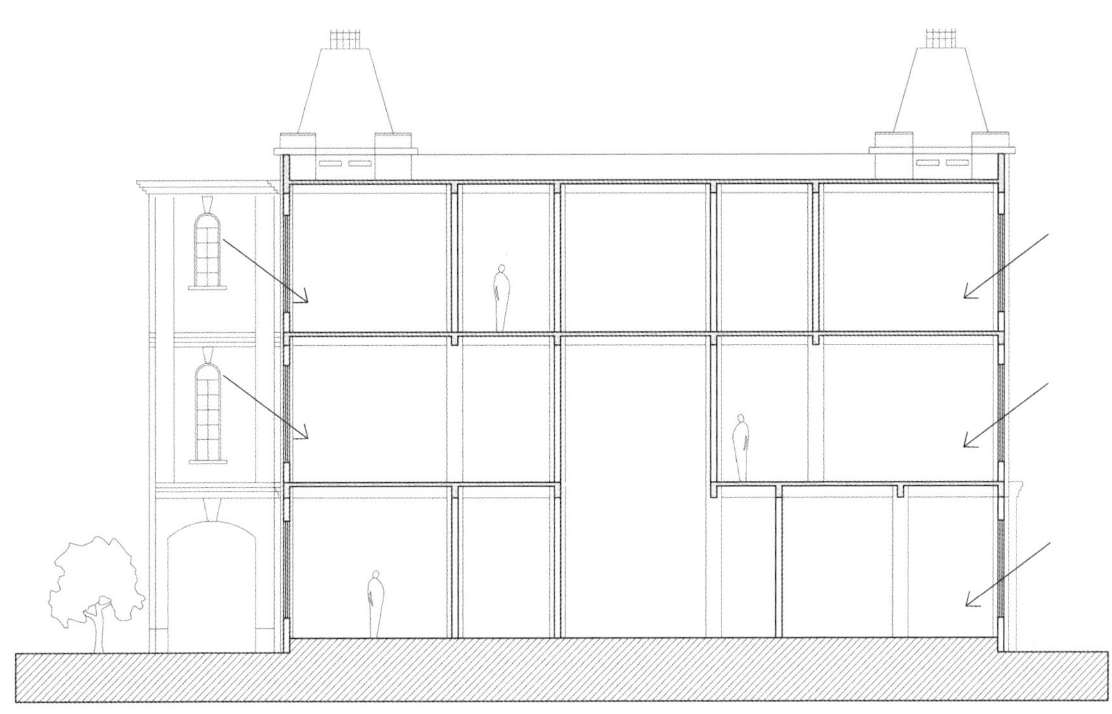

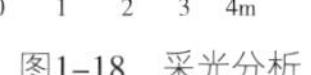

图1-18　采光分析

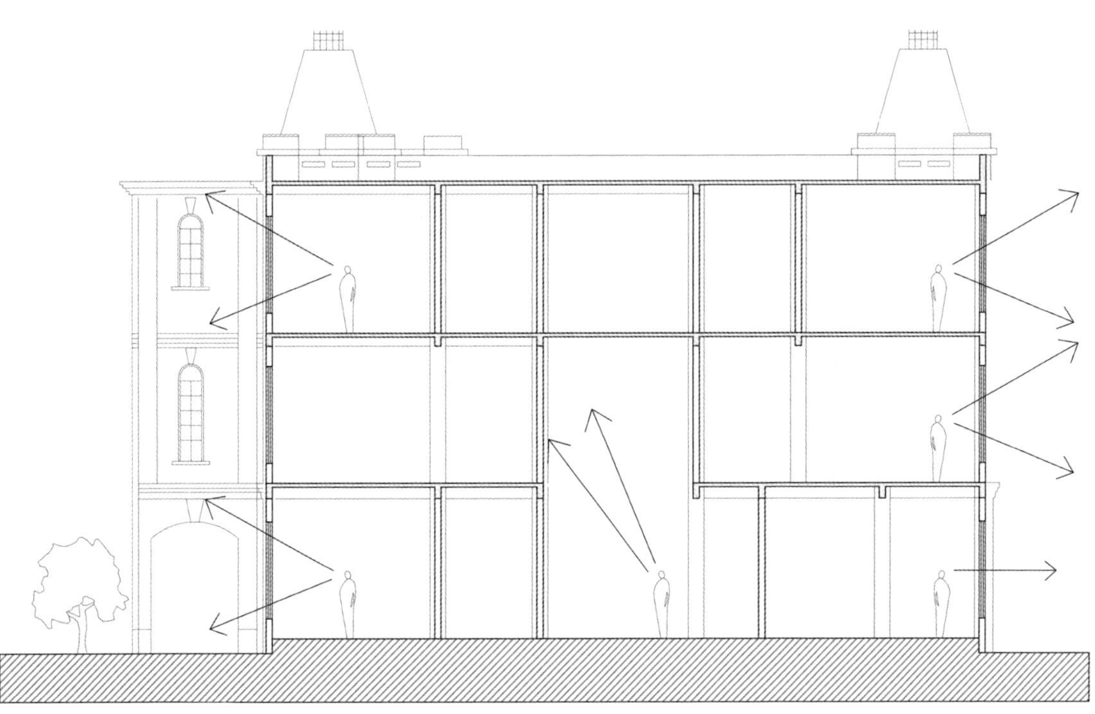

0 1 2 3 4m

图1-19　视线分析

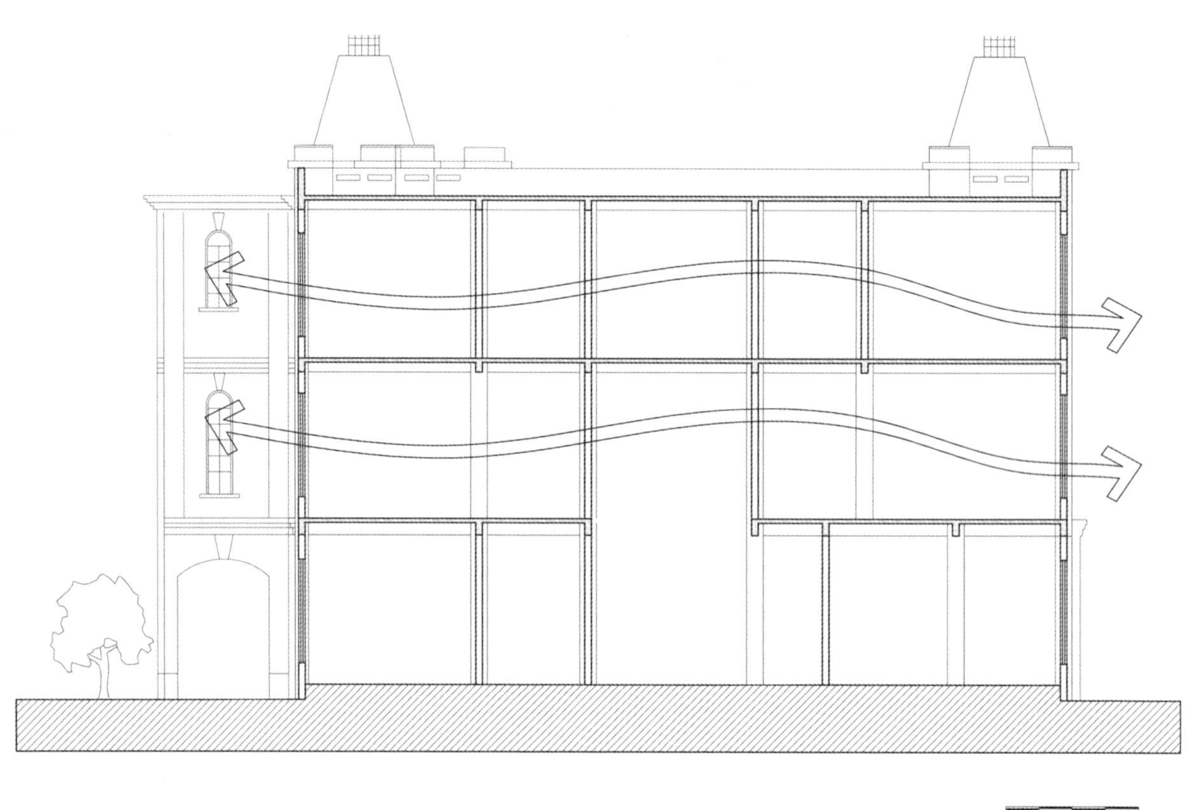

图1-20　通风分析

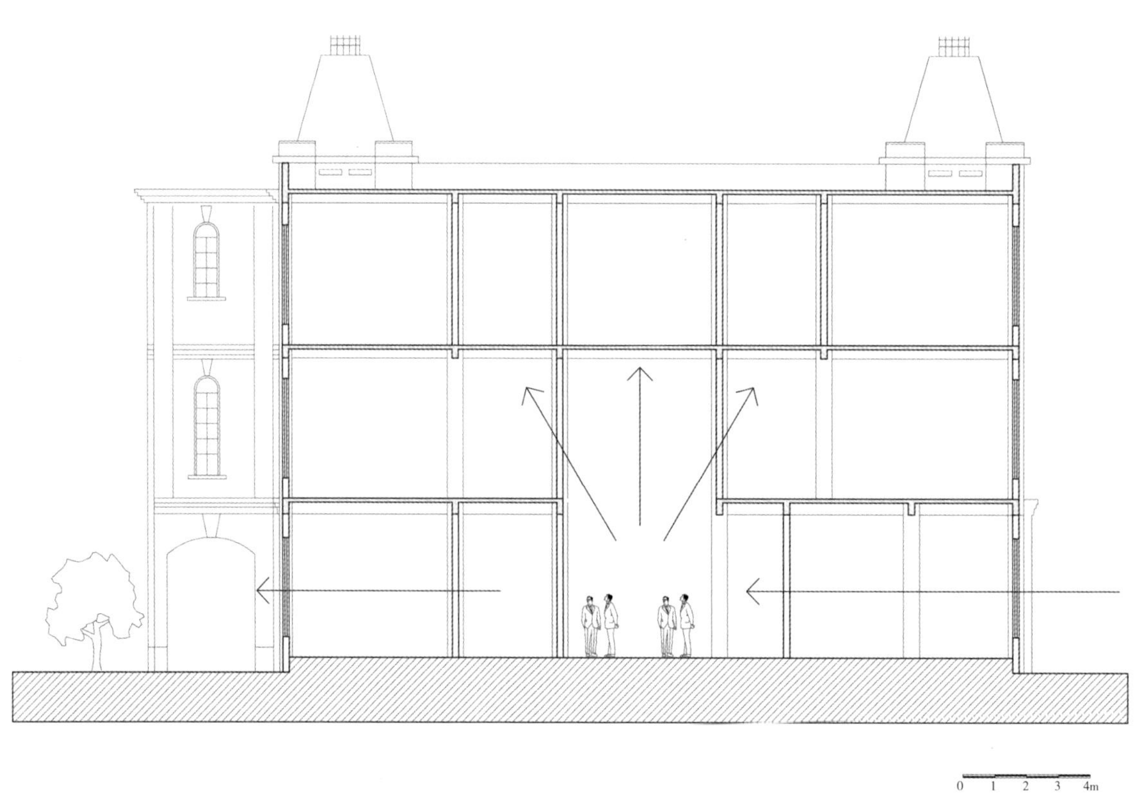

图1-21　空间对比分析

02
第二章

第二章 汉口汇丰银行大楼

汉口汇丰银行大楼位于汉口沿江大道143—144号，由景明洋行设计，汉协盛营造厂施工。汇丰银行首先在沿江大道青岛路口兴建了四层砖混结构的附楼，1913年开工，1917年建成。之后紧接着兴建了三层钢筋混凝土结构主楼，主楼建筑于1920年完工。主、附楼均含一层地下室，主楼还建有屋顶花园。大楼为典型的古典主义建筑，占地3591m^2，建筑面积10244m^2，全部建筑费及各项设备费共计白银100万两。

第一节 历史沿革

汉口汇丰银行大楼历史沿革

时 间	事 件
1864年	汇丰银行在香港成立。
1866年	汇丰银行开设汉口分行，在汉口英租界江滩建造二层楼房。
1913—1920年	汇丰银行汉口分行重建，成为豪华的古典主义式样的三层大楼，建筑面积10244m^2。  图2-1 汉口汇丰银行大楼老照片（图片来源《大武汉旧影》）
1921—1923年	汇丰银行在上海外滩兴建了一幢高7层、占地14亩，气派非凡的新古典主义风格的上海汇丰银行大楼。
1938年	汉口汇丰银行大楼被日军占据。
1944年12月16日	三名美军飞行员在执行对武汉轰炸的任务中，飞机被日军击毁，跳伞落地后被驻汉口日军俘虏。汇丰银行大楼楼顶坪台被美军飞机重磅炸弹由屋顶平台穿进中层，损坏面积150m^2。
1945年	抗战胜利，汇丰银行返回办公，曾经有修复计划，也曾经委托杨子营造厂对大楼进行勘查评估，但是后来并未实行，只作了草率的修补。
1950—1952年	英属在华各资产办事机构全部撤离。汇丰银行也就在这一时期离开中国大陆。
1955年	汉口汇丰银行大楼由湖北省副食品管理处、棉花栈及武汉市纺织品公司使用，省房地产局将银行大楼沿青岛路一侧的部分房屋作为测量队及房地产公司的办公用房。
1950—1960年	使用单位曾对坪台、大厅、大棚、门窗等进行修理，修理费共计人民币29000元，但坪台仍有渗漏现象。

续表

时　间	事　件
1960年	直属房管所又将房屋外墙线及全部门窗卫生设备、上下水管道全面检修，用沥青玛蹄脂粘补坪台，全面粉刷油漆，用去修理费3万余元，地下室渍水问题未能解决。
20世纪90年代	汉口汇丰银行大楼被用作光大银行武汉分行办公大楼。
1999年	由光大银行出资对汉口汇丰银行大楼进行全面维护。
2006年	汉口汇丰银行作为汉口近代建筑群的一部分被公布为全国重点文物保护单位。

第二节　建筑概览

1866年英国汇丰银行在汉口英租界四码头附近设分行，它是汉口开埠之后成立的数十家银行中历史最悠久、业务最繁盛、势力最强劲的一个。在20世纪初期，汇丰银行还直接控制了汉口海关关税，为英国的海关金库。

汉口汇丰银行大楼曾在武汉大会战中作为南京国民政府立法院院长孙科和南京国民政府军事委员会常委白崇禧的办公室。武汉沦陷之后，汉口汇丰银行大楼被日军占据。20世纪90年代，这幢大楼被用作中国光大银行汉口分行的办公大楼。光大银行汉口分行拨款3000多万元，对汉口汇丰银行大楼进行了全面的修缮，使其基本恢复原貌。

汉口汇丰银行大楼的主立面临江，高约20m，造型平稳，严谨对称。纵向采用三段式构图，分为基座、房身、屋檐。左右则为五段划分，中间凸出的部分为主入口，确定了立面的垂直轴线，从而明确了建筑的主从关系。正立面为宽敞通透的柱廊，10根巨大的爱奥尼立柱和6根方柱支撑柱廊，柱子全部由花岗石拼接，柱高至三层楼顶，柱头为爱奥尼式涡卷纹。内廊的墙壁上镶嵌着大理石，外墙贴面及基座镶嵌花岗石。基座、檐口、门窗框、腰线、压顶等部位饰有石刻浮凸花纹。立面中部上方的弧形大窗，与大楼其他长方形窗不同，因配有恰到好处的檐饰，故而显得独具特色。

图2-2　汉口汇丰银行大楼正立面实景图

图2-3　汉口汇丰银行大楼侧立面实景图

图2-4　汉口汇丰银行大楼局部透视实景图

汉口汇丰银行大楼室内是大理石装饰的宏大豪华的大厅，装修精致华丽，使用天井采光。大楼前段以两个营业大厅为主体，视野十分开阔。后段为办公用房，内空高敞，开设有大面积的玻璃窗。大厅和办公区夹有四座巨大银库，这里原为汉口海关的银两库存地。二层以上为多个房间，根据需要做不同的用途。楼内共有楼梯3处，电梯3部，水电设施齐全。

汉口汇丰银行大楼虽然已有百年的历史，但却不失雄伟壮观、巍峨大气。它成功的修缮保护方案也为保护历史老建筑提供了借鉴的意义。

汉口汇丰银行大楼照片详见图2-2至图2-13所示。

图2-5　汉口汇丰银行大楼局部实景图

图2-6　次入口

图2-7　基座

图2-8　柱础

图2-9　窗户

图2-10 石狮子

图2-11 石质栏杆

图2-12 壁柱雕花、石质栏杆

第三节　技术图则

依据建筑实测图纸，部分辅以三维建模，用技术图则方式解析汉口汇丰银行大楼建筑的环境布局、平面布置、功能流线、围护结构、采光及通风等规划建筑诸元素。汉口汇丰银行大楼技术图则详见图2-13至图2-37所示。

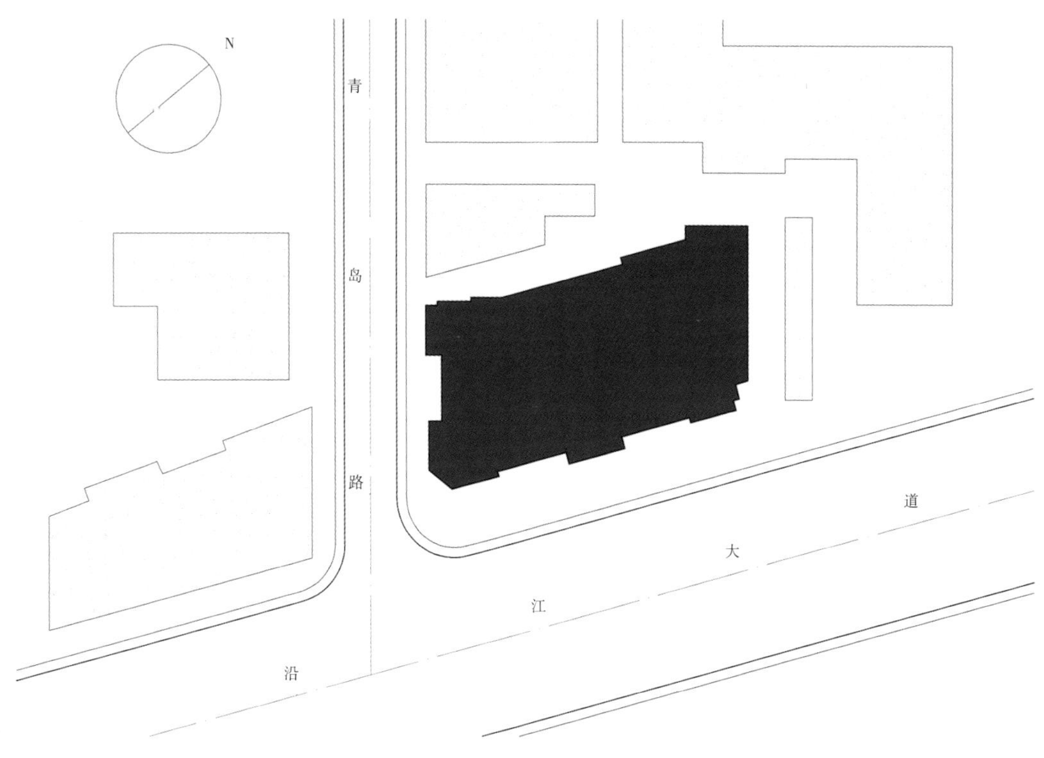

图2-13　街道关系

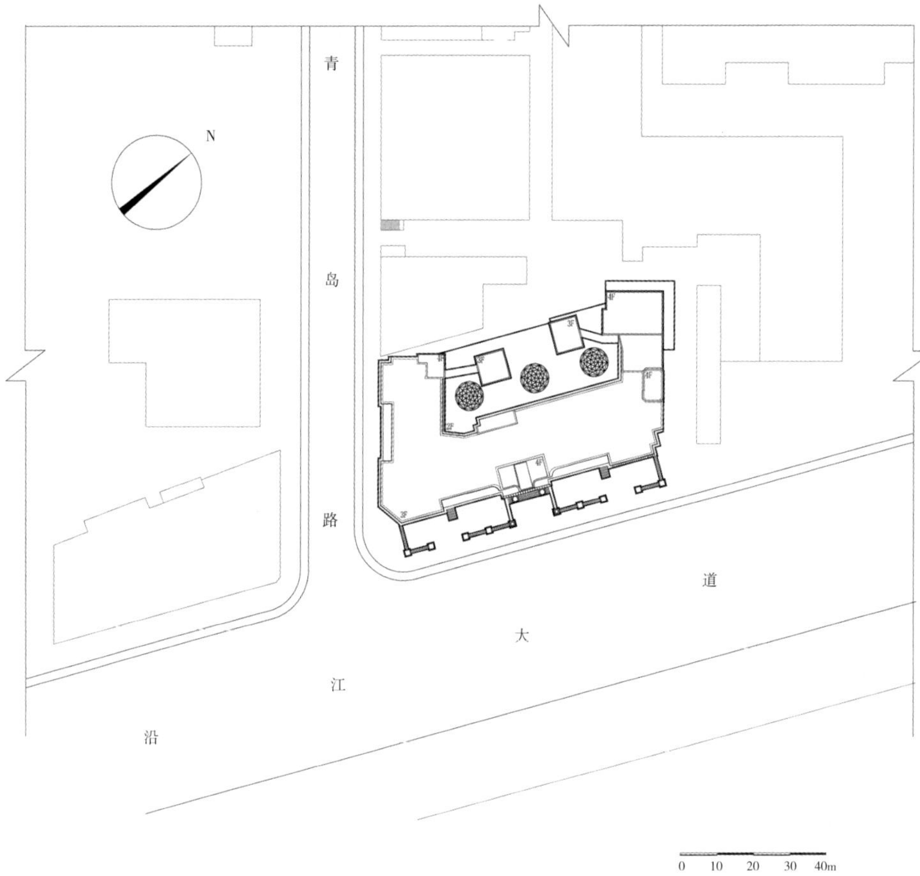

图2-14　总平面图

◆ 图2-15~图2-17：大厅无疑是建筑功能的主体，相关服务房间围绕大厅布置并依次行使相应功能，这便是广厅式布局。该布局在公共建筑中应用尤为广泛，对现今公共建筑设计有很好的借鉴及启发作用。

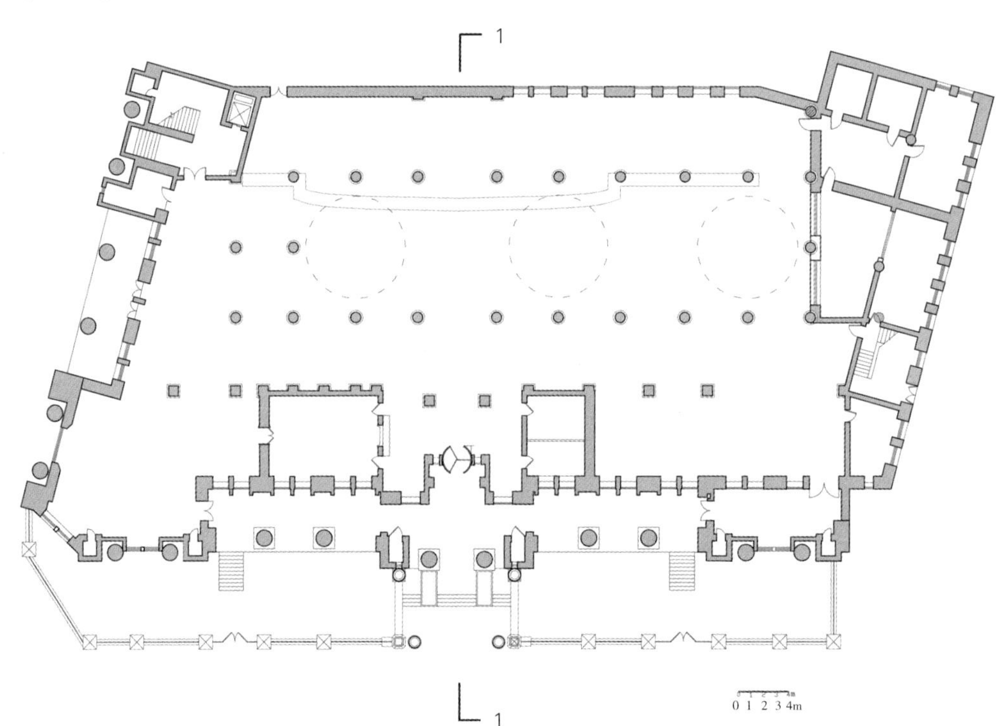

图2-15　一层平面图

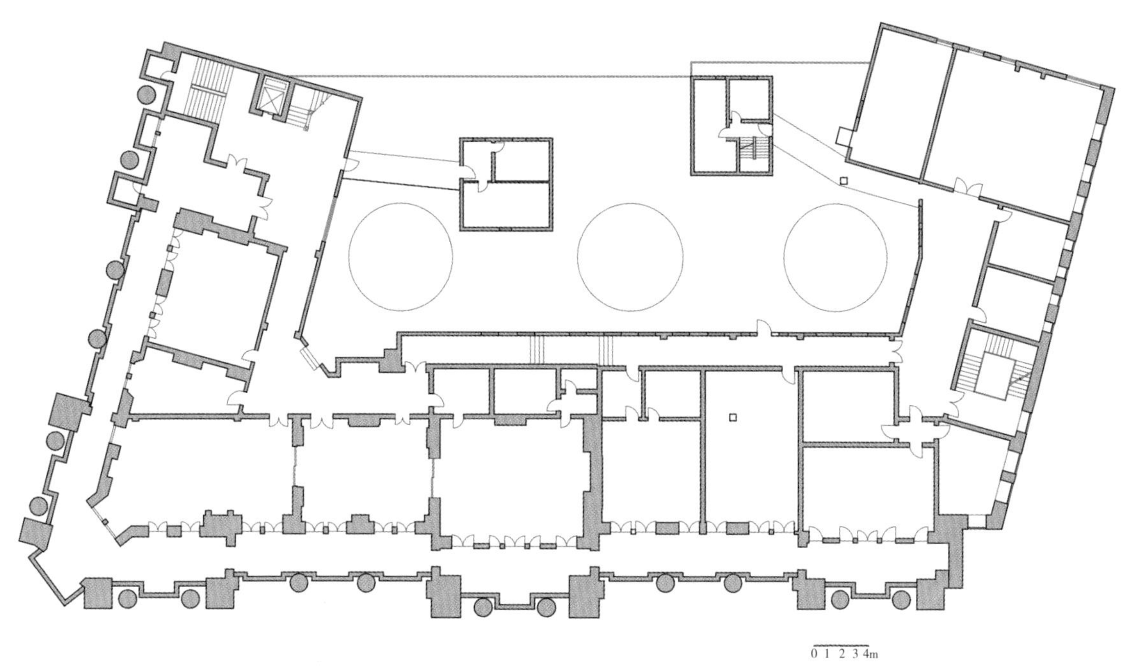

图2-16　二层平面图

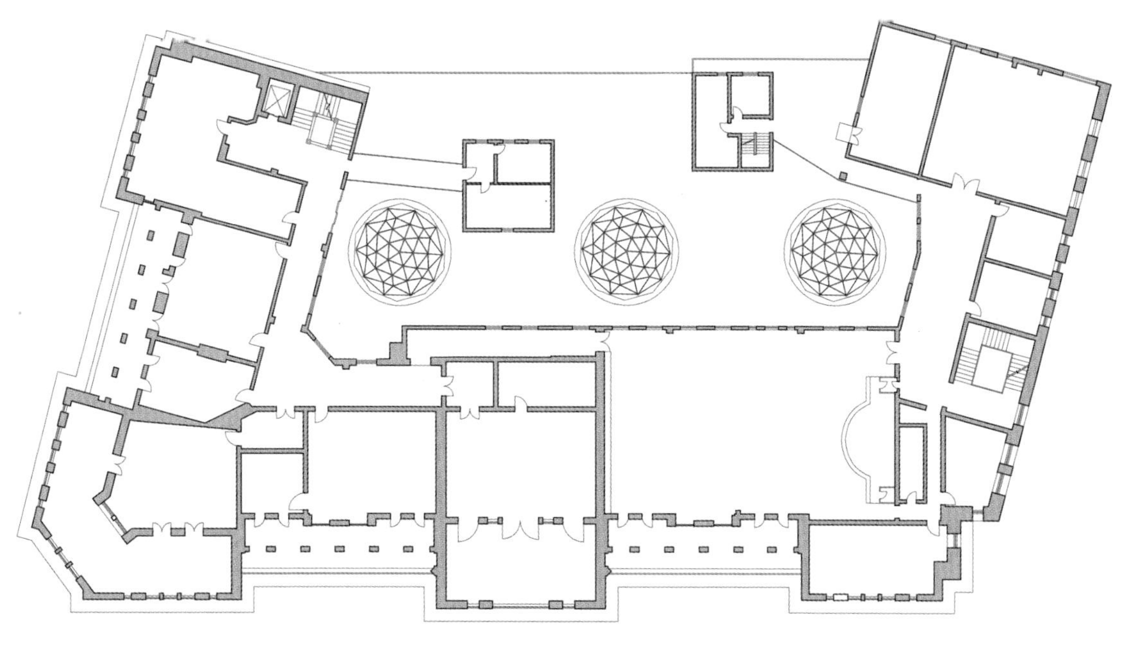

图2-17　三层平面图

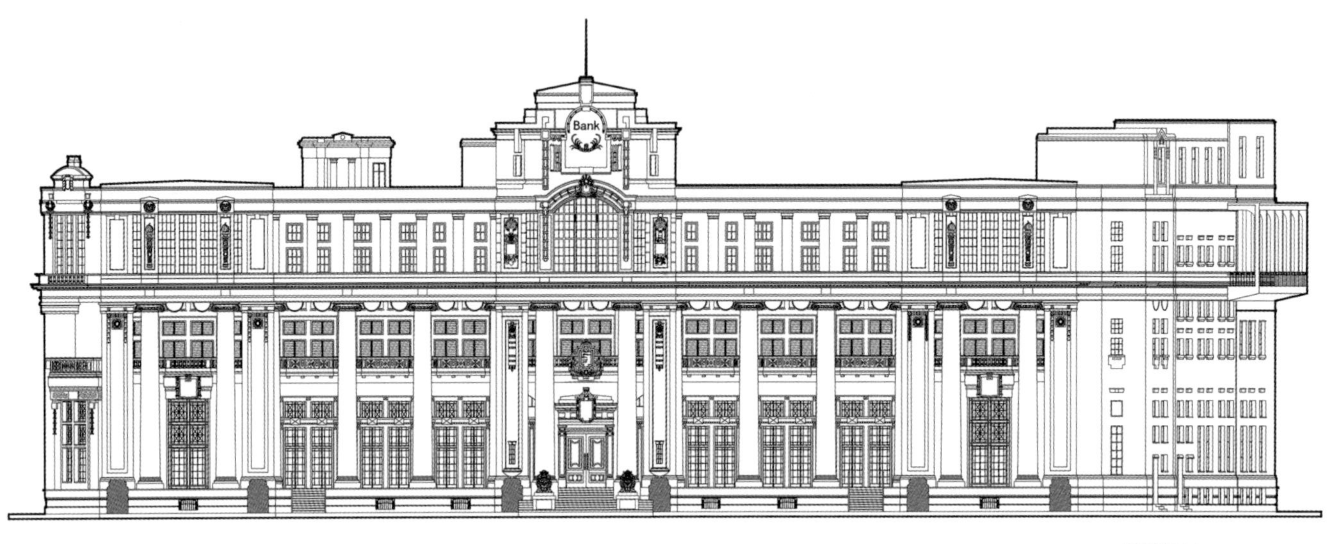

图2-18　正立面图

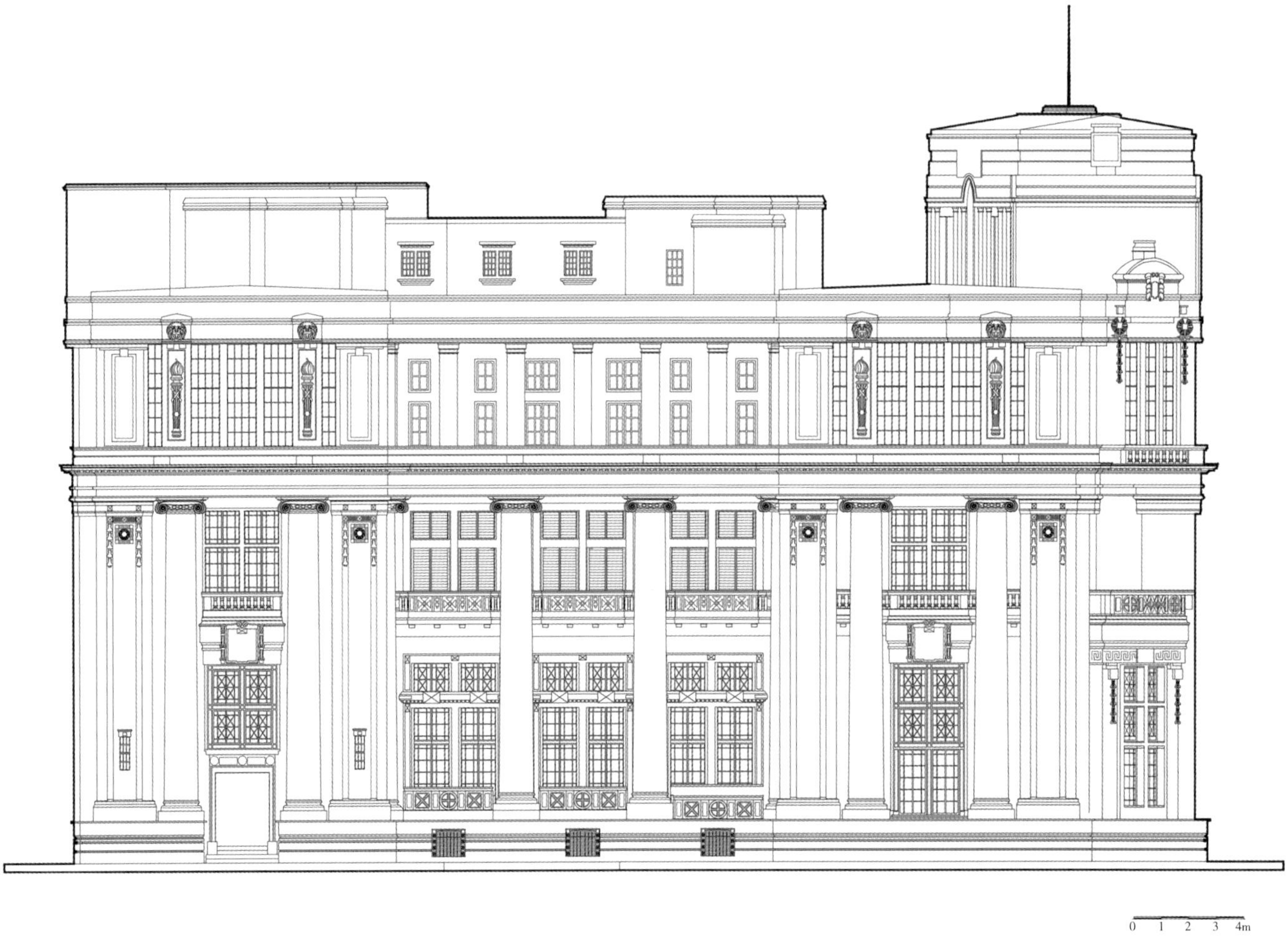

0 1 2 3 4m

图2-19　侧立面图

图2-20　1-1剖面图

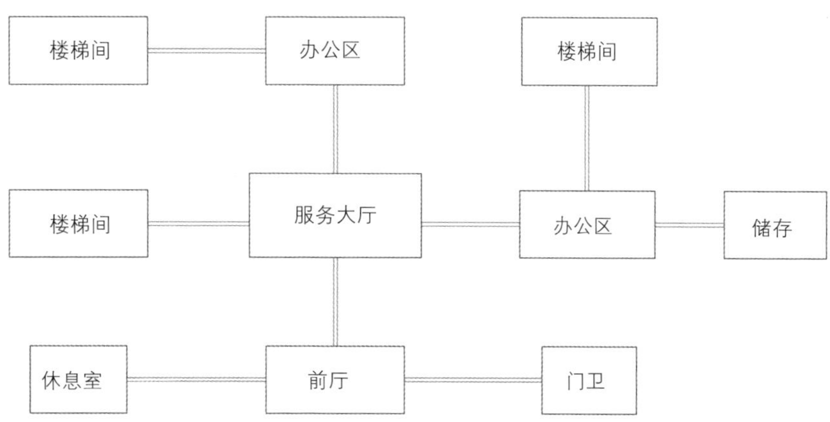

图2-21　功能分析图

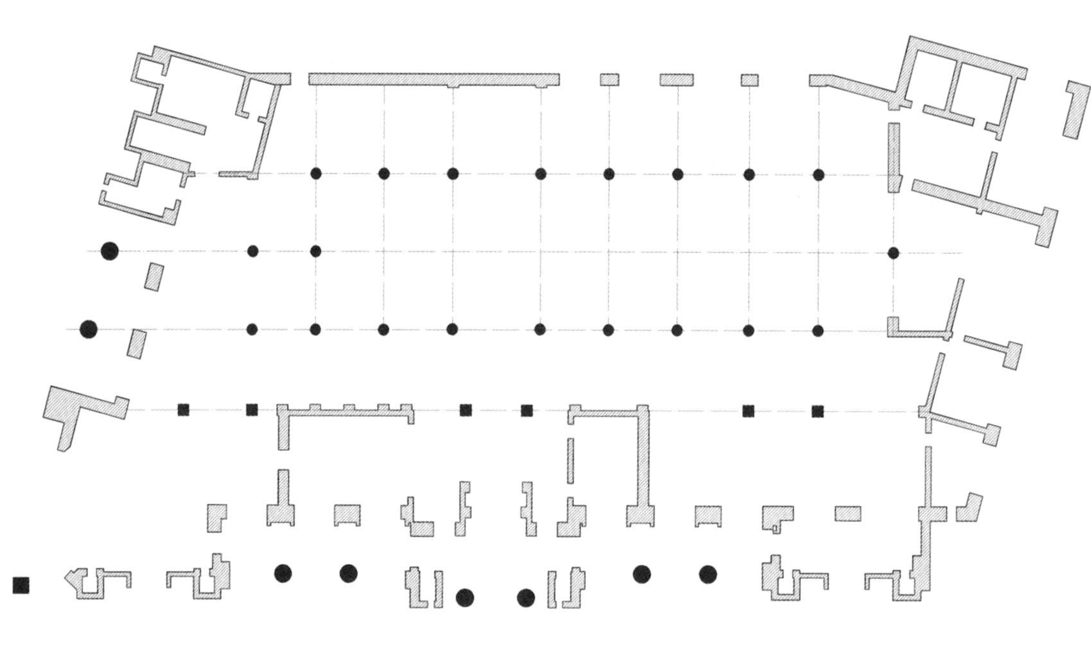

图2-22　结构分析

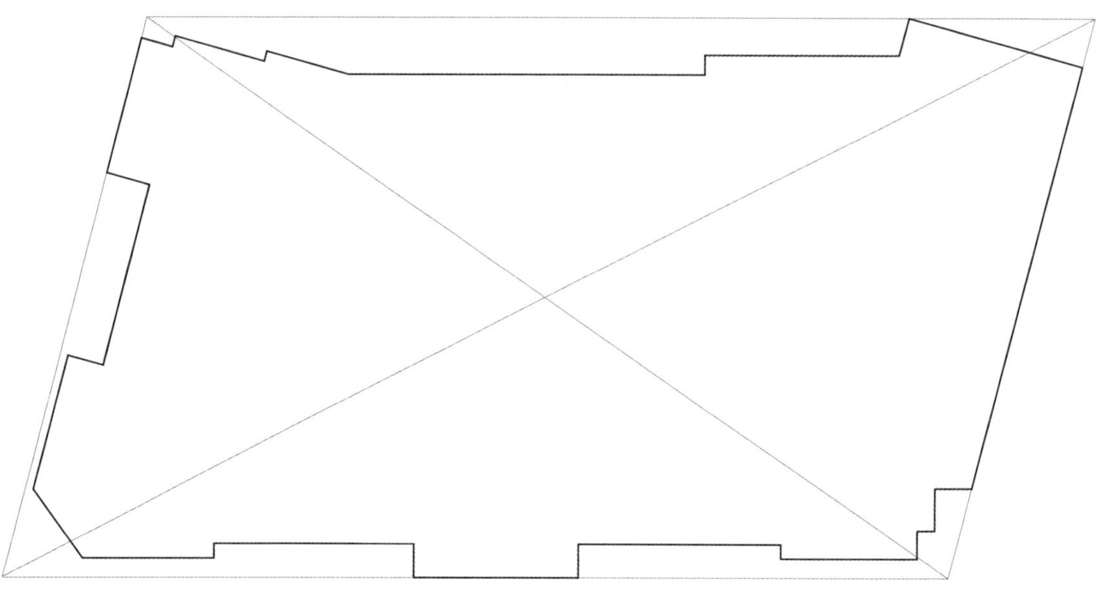

图2-23　几何关系

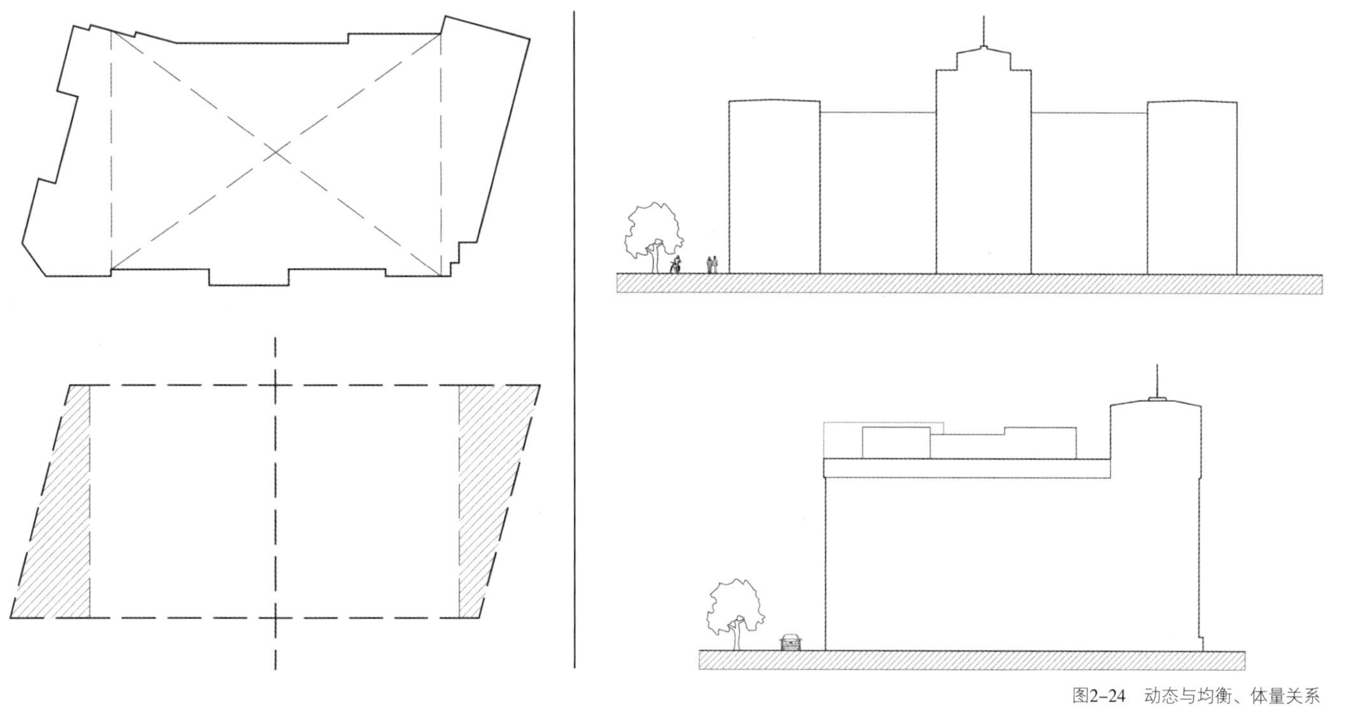

图2-24　动态与均衡、体量关系

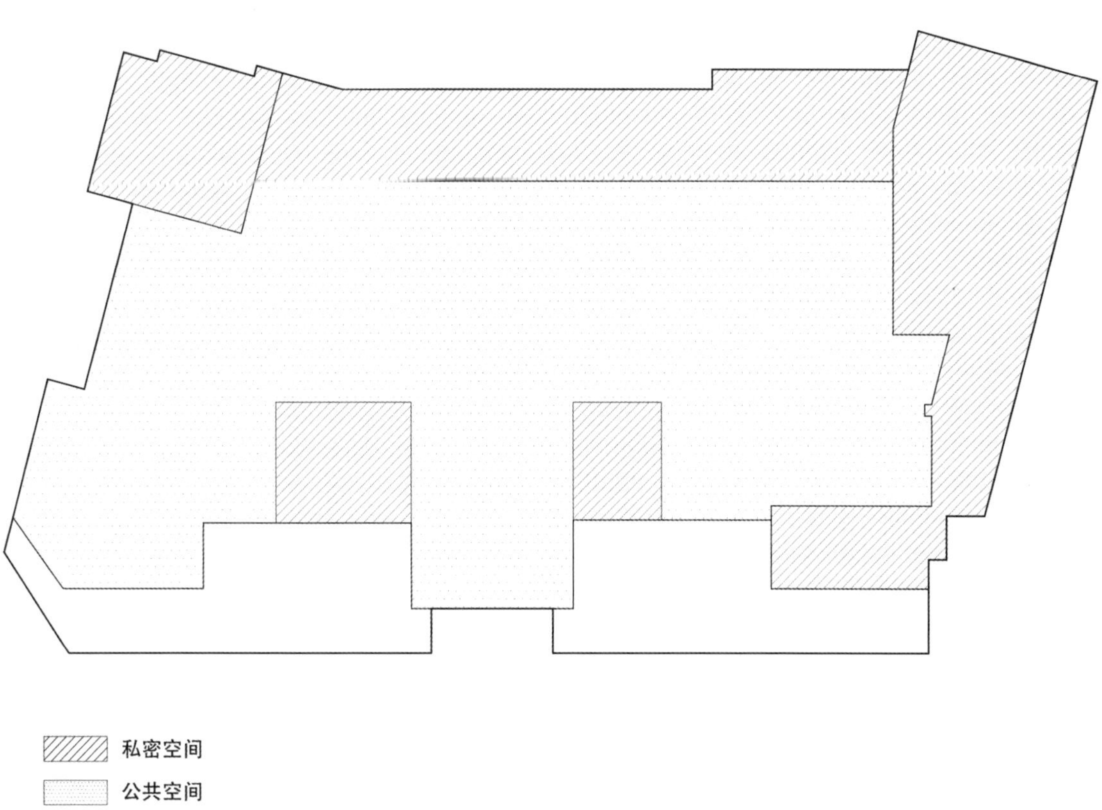

私密空间

公共空间

图2-25　公共与私密

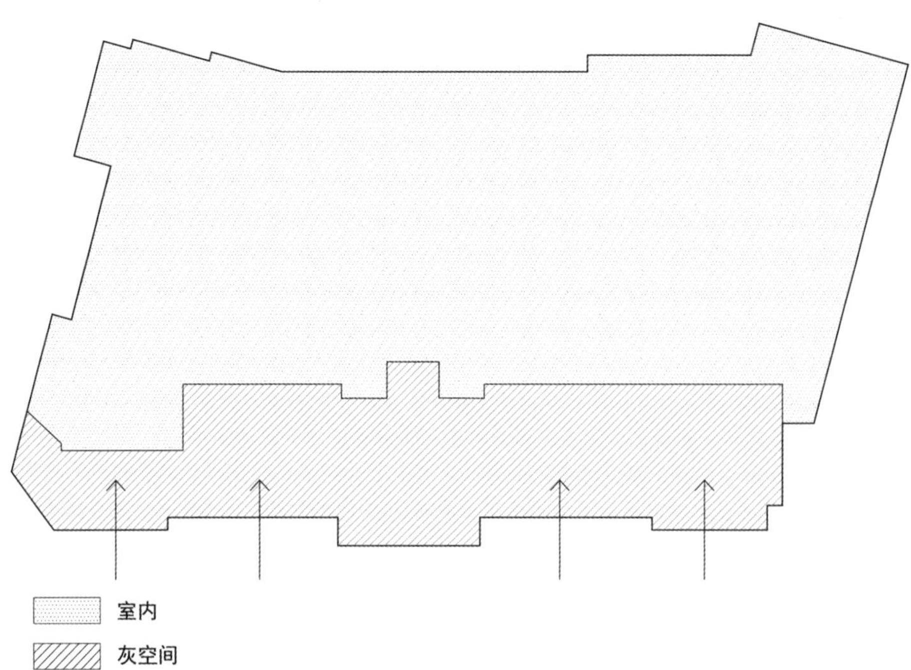

图2-26　平面灰空间

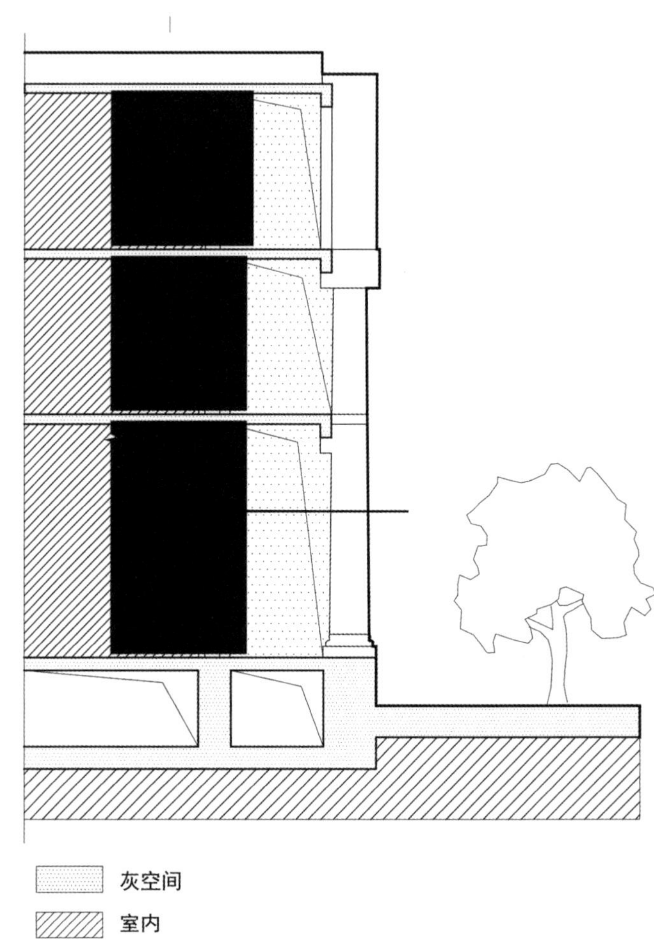

图2-27　立面灰空间

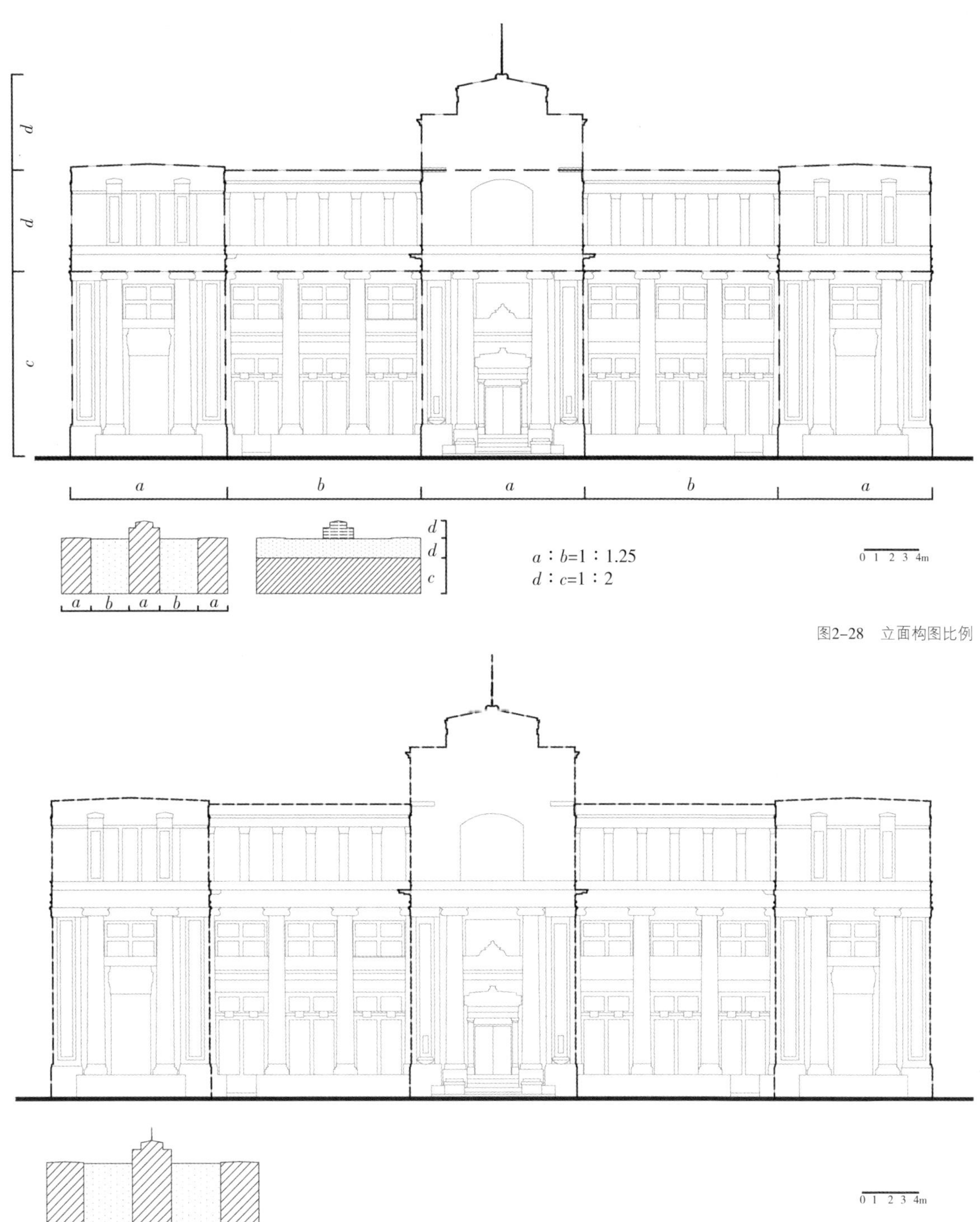

图2-28　立面构图比例

图2-29　横向五段式构图

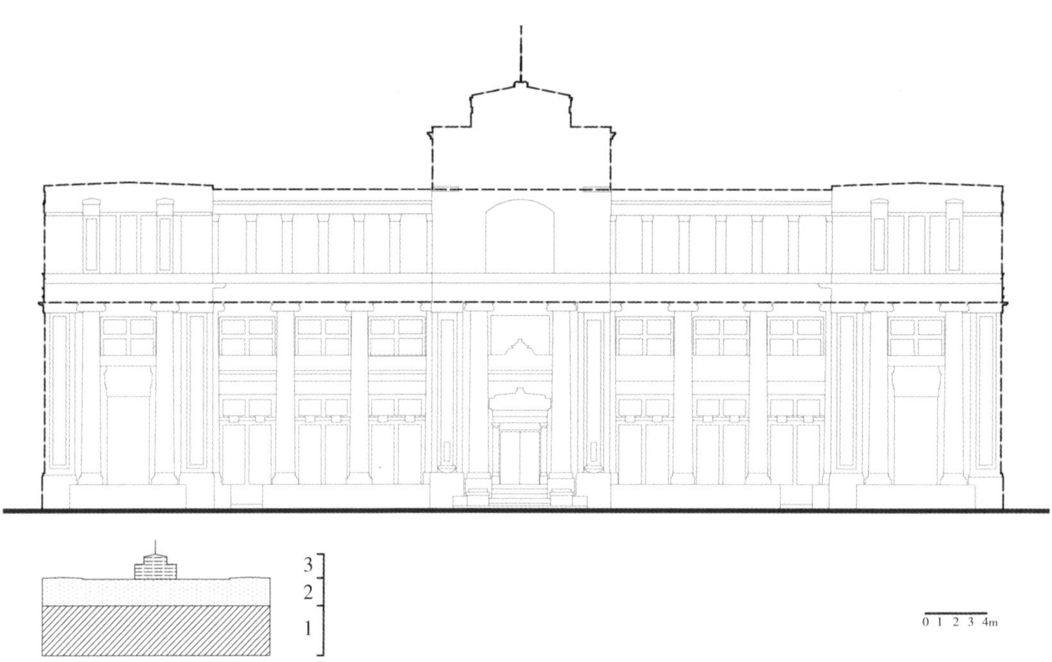

图2-30 纵向三段式构图

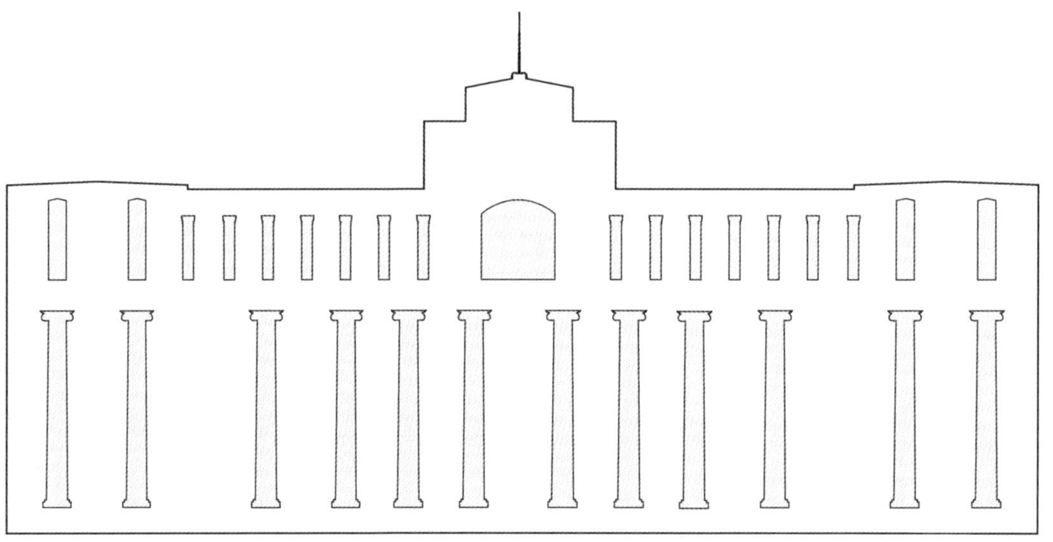

图2-31 韵律

图2-32　重复与变化

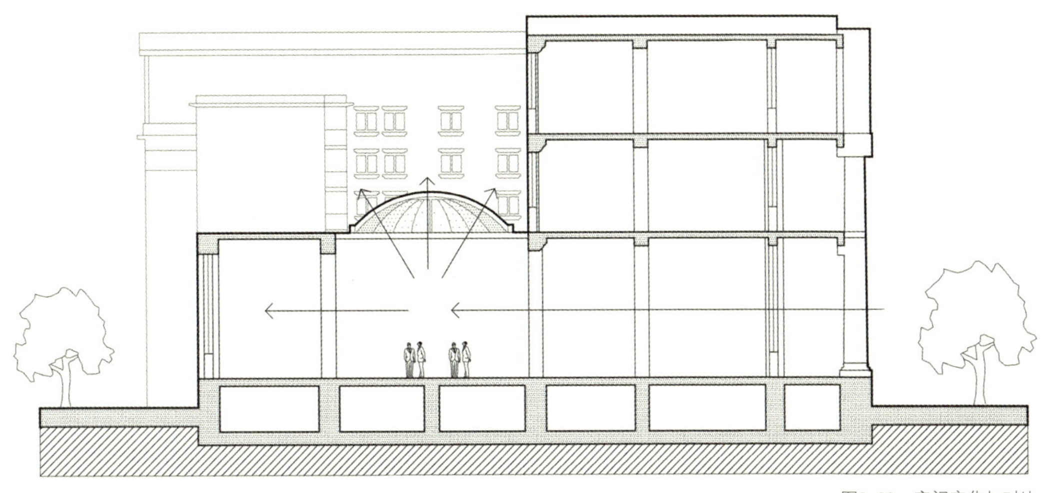

图2-33　空间变化与对比

◆ 图2-33~图2-35：在近代金融建筑中，大厅上方采光天窗（穹顶窗）是重要的建筑语言与构图要素，通过天窗投射下来的光线，不仅可以丰富建筑空间层次及光影变化，同时可将大厅部分功能的重要性加以强调突出，符合金融建筑的类型特征。

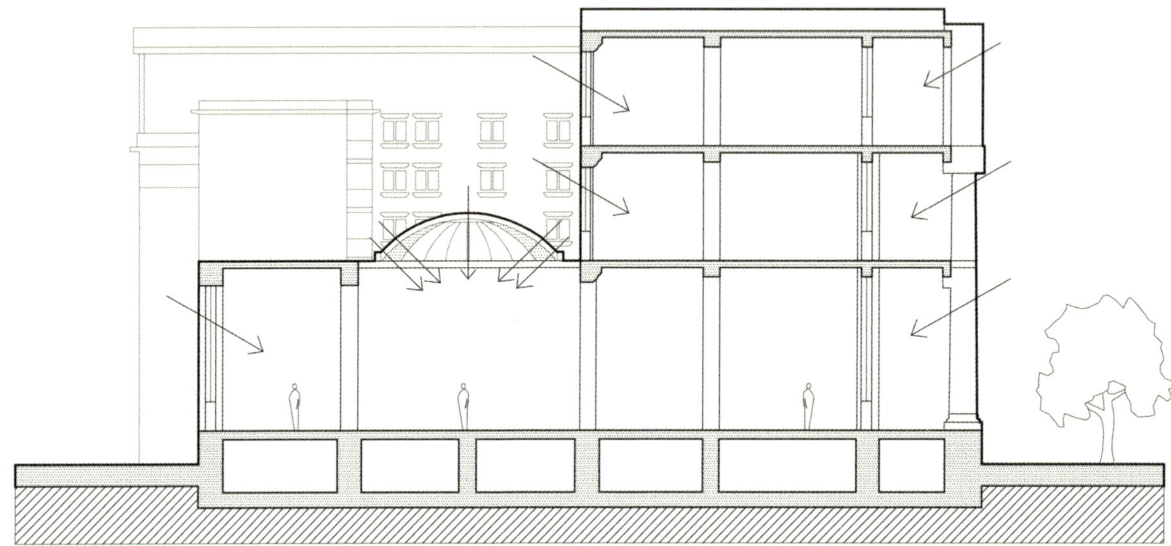

图2-34　采光分析

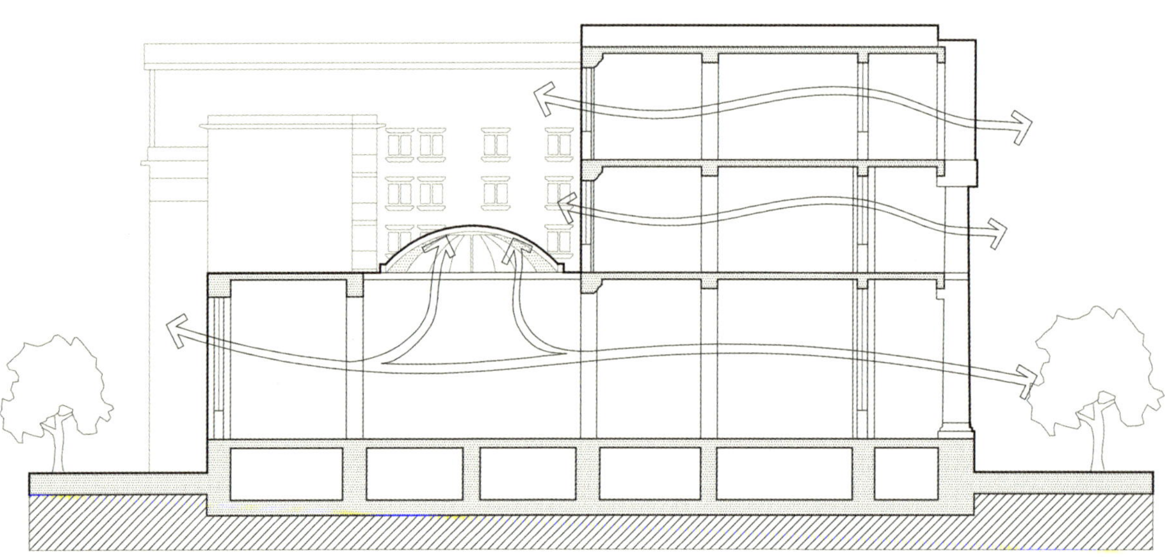

图2-35　通风分析

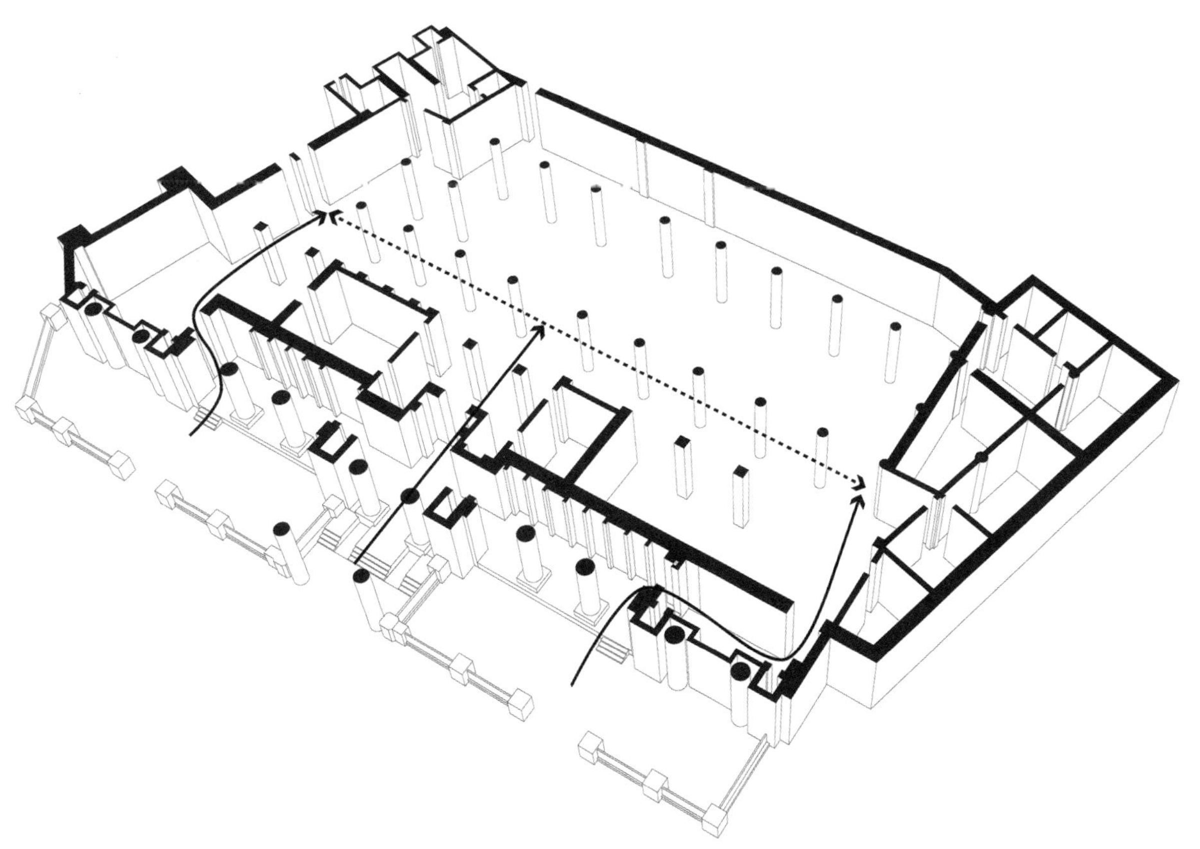

图2-36 水平流线分析

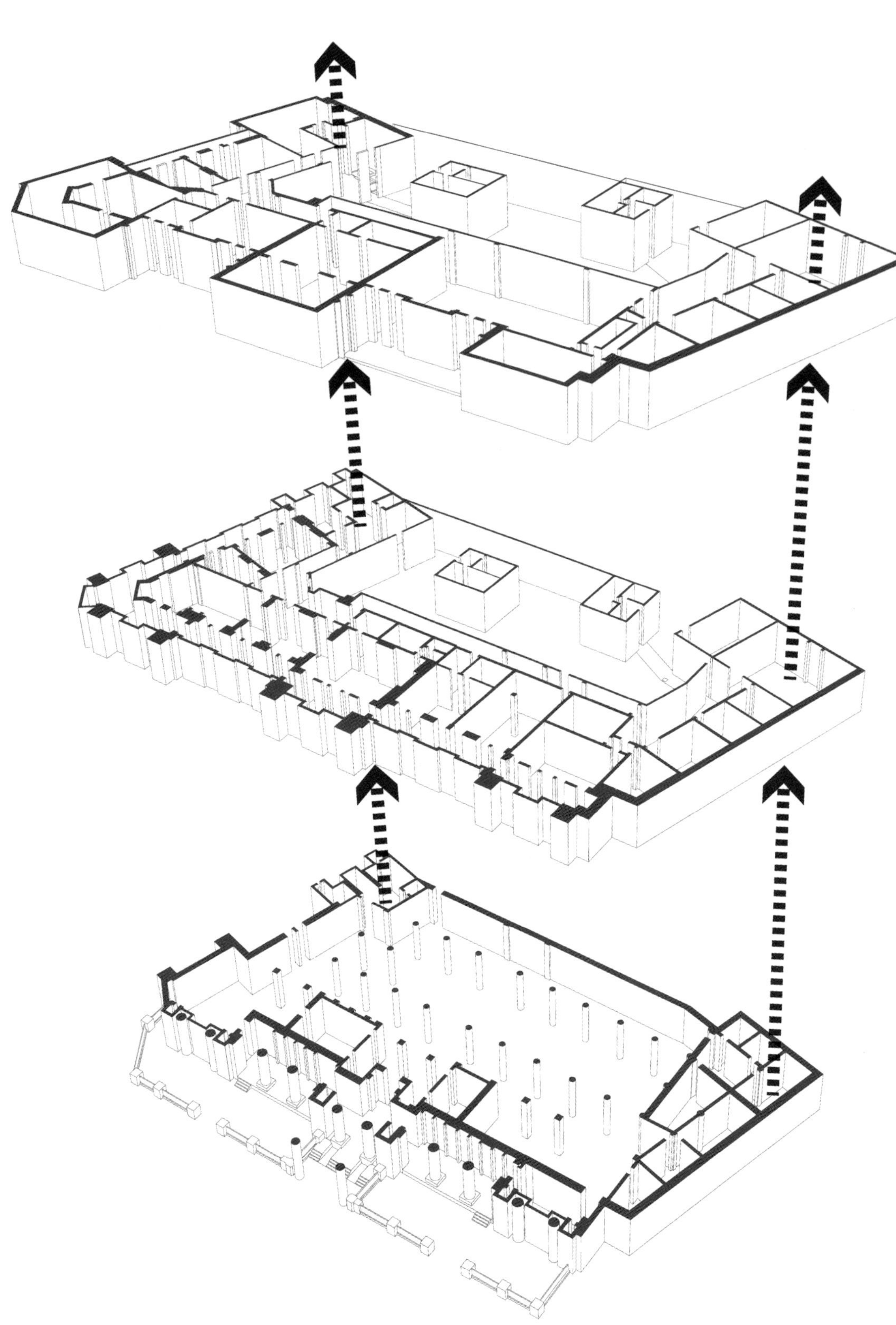

图2-37　竖向流线分析

03
第三章

第三章 东方汇理银行汉口分行旧址

法国东方汇理银行成立于1875年，总行设在巴黎。为方便向法国在汉工商企业提供金融服务，于1902年在汉口设立分行。东方汇理银行汉口分行旧址坐落于汉口沿江大道171号，1949年武汉解放后，停止营业，并一度作为武汉越剧团办公楼及武汉市文化市场管理中心，现已成为省农业银行高级金融会所。

第一节 历史沿革

东方汇理银行汉口分行旧址历史沿革

时　间	事　件
1875年01月	东方汇理银行总行于巴黎成立，后经多次合并，成为法国农业信贷银行的一部分，下设19个分行，是当时法国在华银行中势力最强的银行，最初经营法国亚洲殖民地印度支那的业务。
1888年	银行业务扩展到中国。
1894年	中国香港开设分行。
1899年	开设上海分行，1911年至1914年又在上海公共租界外滩29号建造第二代银行大楼，大楼为古典主义建筑风格，雕刻精美，入口门廊同样具有巴洛克风格。
1901年	在汉口开始建设东方汇理银行分行。图3-1　东方汇理银行汉口分行老照片（图片来源《大武汉旧影》）
1902年	汉口分行开业，地产大王刘歆生成为法国东方汇理银行在汉口分行的买办，利用在此行中的便利条件，从中牟取利益。东方汇理银行在天津、沈阳、北京、蒙自（1914年）、昆明（1918年）、广州（1926年）相继开设了分行。
1949年	东方汇理银行在中国的各分行全部撤出中国大陆，汉口分行停止营业。
2007年	被公布为武汉市优秀历史建筑。
2010年07月	农业银行投入2000多万元按“修旧如旧”的原则对其进行修缮。
2011年	正常投入使用，现已成为省农业银行高级金融会所。同年被公布为武汉市文物保护单位。

第二节　建筑概览

东方汇理银行汉口分行旧址为两层砖木结构，总建筑面积为800m^2，银行的附属用房完成于1920年，连同附属用房在内，银行共有3栋48间房。建筑整体为古旧华丽的砖红色，边沿以乳白色涂层镶饰，加上精细的砖雕，犹如一位身着艳丽红裙的西洋女子。有人认为，它是武汉江边最为女性化的西式建筑。作为法资银行的分行，东方汇理银行汉口分行采用了法国代表文化之一的巴洛克建筑风格，其色彩艳丽，墙面凹凸度很大，装饰丰富，有强烈的光影效果。建筑各个部分精雕细琢，却不失和谐。

建筑立面采用典型的晚期文艺复兴纵向三段式构图：底层为厚重的石质基座，中部为建筑主体，上部是水平方向的檐口。建筑中间部分设有腰线，垂直向上的墙柱竖向划分外墙。外墙为清水红砖材质，墙面有壁柱装饰，壁柱为圆形，柱头饰有麦穗和漩涡，雕饰华美。建筑为两层砖木结构，一层为封闭式外廊，二层则为开敞式外廊，半圆形券廊形成优美的拱形曲线，拱顶装饰有拱心石。这是欧洲流行的纯西式建筑方法，在中国近代券廊式建筑中较为少见。廊外有绿色玻璃宝瓶装饰护栏，檐口上部为栏杆式的女儿墙，造型通透，木屋架承重，四坡屋顶覆盖红瓦。

建筑底层基座为半地下室，主入口台阶铺花岗石。主入口大门及整栋建筑的窗户均为半圆形拱券，两侧皆有精美的浮雕花饰。墙面建筑材料为红砖，复古的砖红色在夕阳的照射下显得华丽无比，建筑上的雕饰更是砖雕艺术中的珍品，有一种雍容华贵的美感，是欧洲传统清水红砖建筑中的精品。这座建筑与美国领事馆遥相对望，构成沿江大道主要风景之一。

2010年，农业银行投入2000多万元按“修旧如旧”的原则对其进行修缮，于2011年全面投入使用，自此重拾该银行的昔日风采。无论作为文化展示功能或商业用途对外开放，都增加了这类历史建筑的公共性，让更多的人了解这座建筑，以及它所处城市的历史文化。

东方汇理银行汉口分行旧址照片详见图3-2至图3-10所示。

图3-2　东方汇理银行汉口分行旧址透视实景图

图3-3　东方汇理银行汉口分行旧址正立面实景图

图3-4　东方汇理银行汉口分行旧址侧立面实景图

图3-5　建筑局部实景图（1）

图3-6　建筑局部实景图（2）

图3-7　建筑局部实景图（3）

图3-8　窗户

图3-9　柱帽

图3-10　柱廊

第三节　技术图则

依据建筑实测图纸，部分辅以三维建模，用技术图则方式解析东方汇理银行汉口分行旧址的环境布局、平面布置、功能流线、围护结构、采光及通风等规划建筑诸元素。东方汇理银行汉口分行旧址技术图则详见图3-11至图3-18所示。

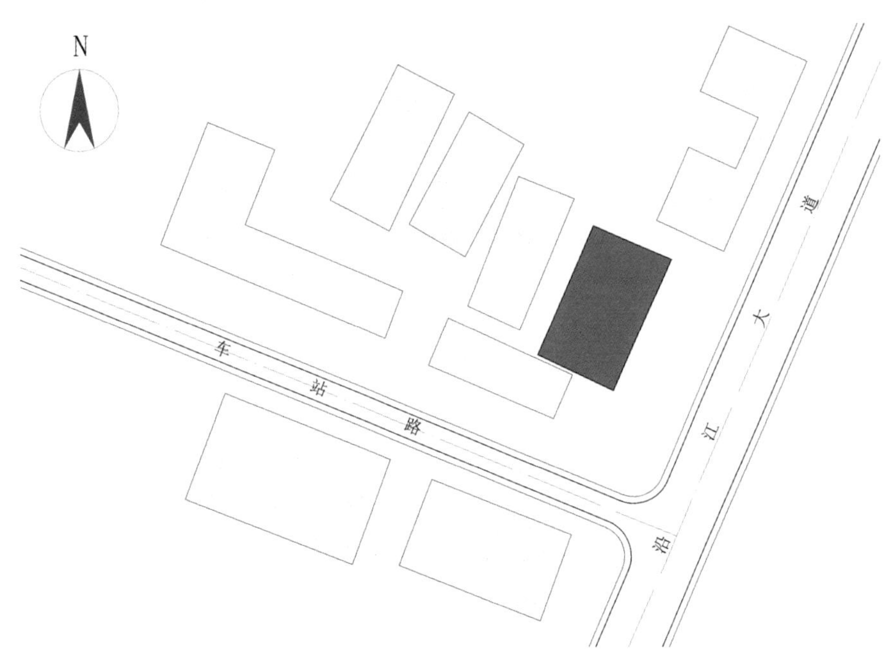

图3-11　街道关系

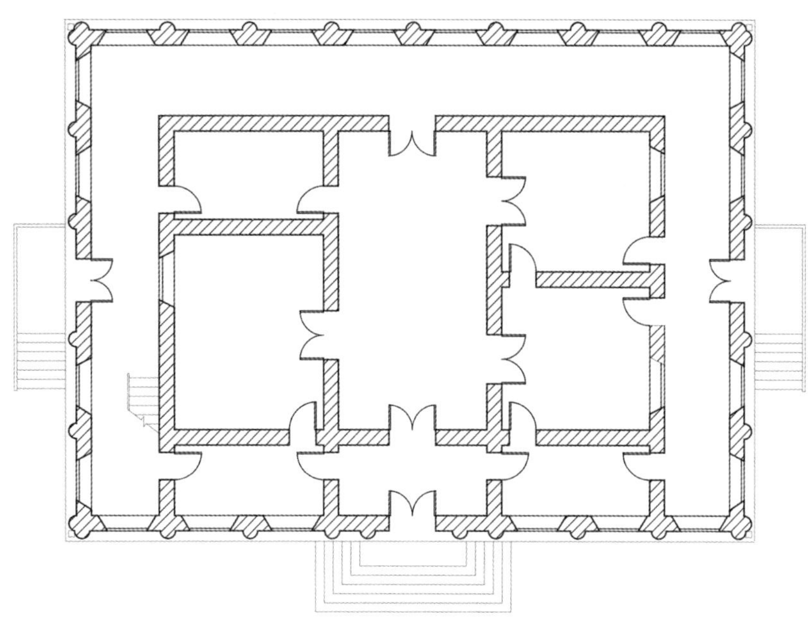

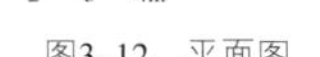

图3-12　平面图

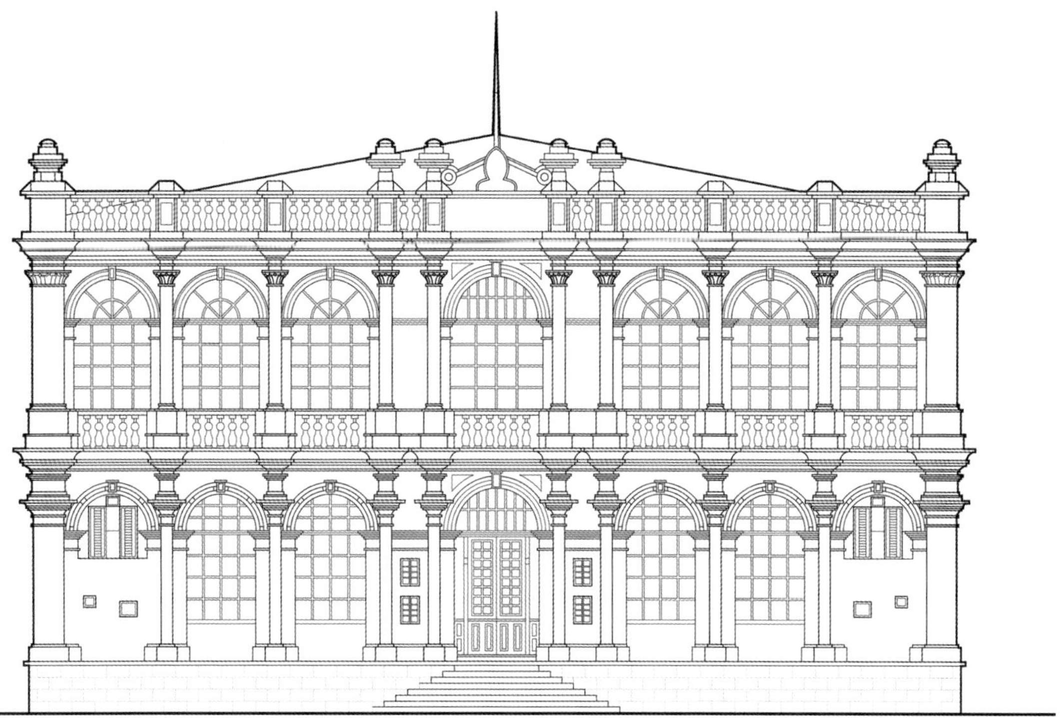

0 1 2 3 4m

图3-13　正立面图

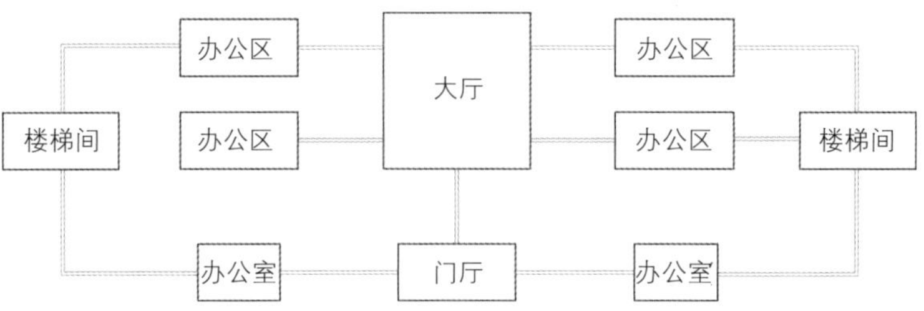

图3-14 功能分析图

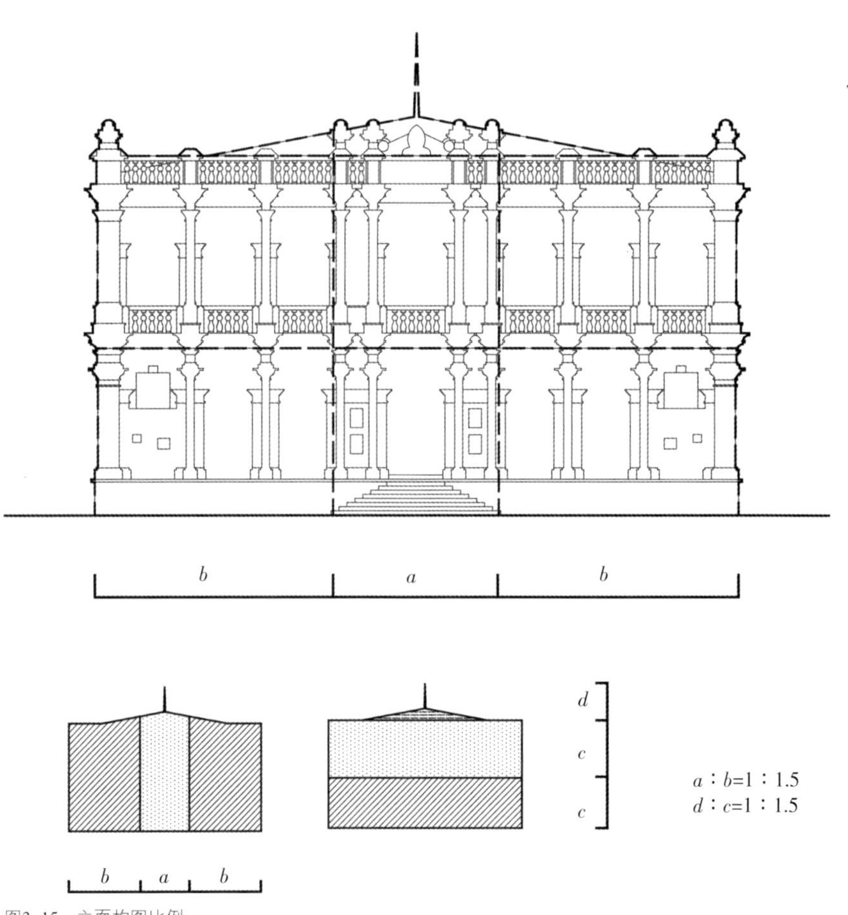

图3-15 立面构图比例

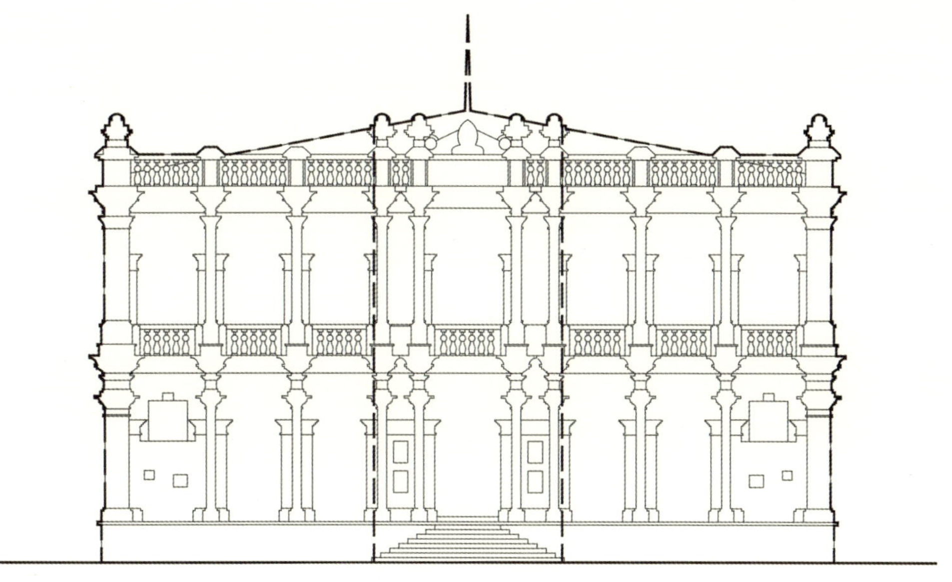

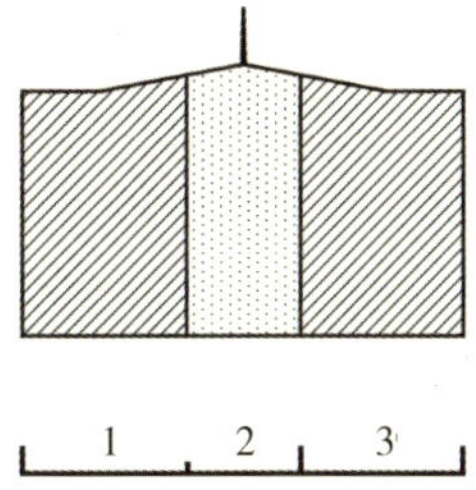

图3-16　横向三段式构图

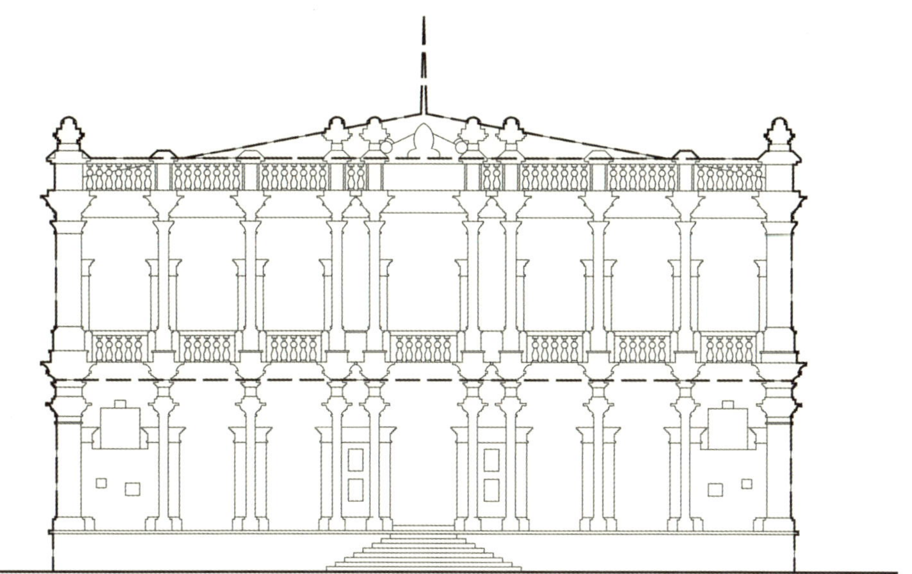

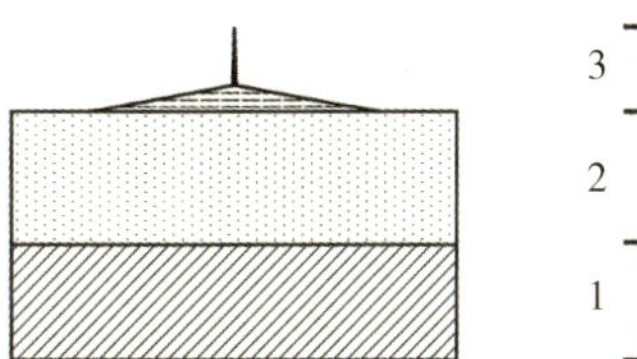

图3-17　纵向三段式构图

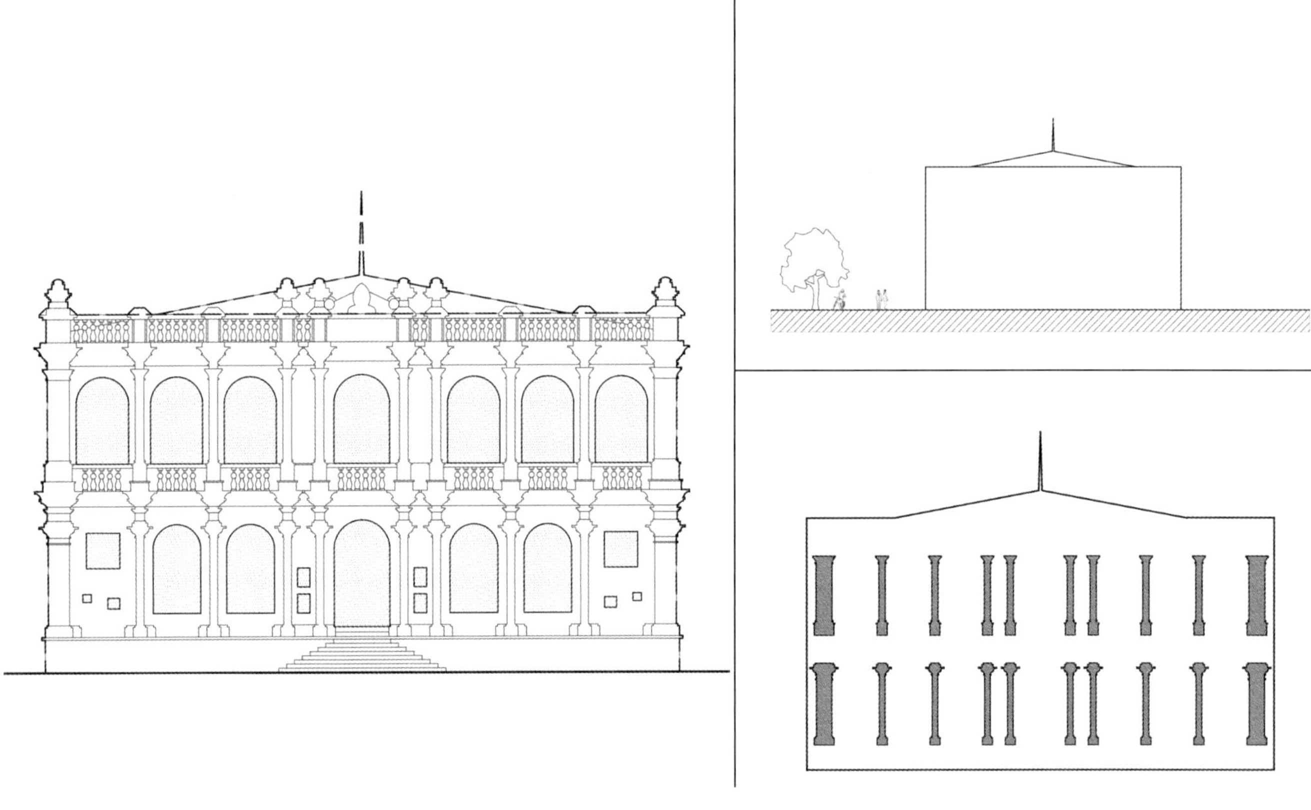

图3-18 重复与变化、体量关系、韵律

04
第四章

第四章 汉口花旗银行大楼

汉口花旗银行大楼位于沿江大道青岛路1号，这幢欧式老建筑于1913年动工，1921年完工，总建筑面积为6153m^2，设计师是美国建筑师亨利·墨菲（Henry Murphy），由魏清记营造厂施工，总共费用为白银17万两。即使历经战火，银行大楼严谨巍峨的外观仍彰显其昔日的风采。

第一节 历史沿革

汉口花旗银行大楼历史沿革

时 间	事 件
1812年	花旗银行在美国纽约宣告成立。
1901年9月7日	中国被迫签订《辛丑条约》，花旗银行成为美国政府的驻华国库，它受任管理庚子赔款。因银行办公楼门前悬挂美国星条旗而被中国民众称为“花旗银行”。
1902年	花旗银行在上海开设分行，其后陆续在哈尔滨、大连、北京、汉口、厦门、广州、香港设八家分行。
1907年	采取中国民间口头称谓，在银行发行的纸币上印制“美国花旗银行”字样。
1921年	汉口花旗银行大楼建成。  图4-1 汉口花旗银行大楼老照片（图片来源《大武汉旧影》）
1934—1938年	中国的八大分行一共为花旗银行带来700万美元收入，占同期全部海外收入的40%。
1938年	北平、天津、上海、南京、武汉沦陷，银行职员大多逃往四川。
1940年	太平洋战争爆发，花旗银行在中国的业务停滞。
1945—1949年	中国内战期间，全国经济濒临瘫痪，银行业务自然也无从发展。
1949年5月	中国内陆各大城市的分行停业，上海分行也正式宣告停业。各大银行的美籍员工全部撤离回国。
1992年	汉口花旗银行大楼被公布为湖北省文物保护单位。

第二节　建筑概览

关于花旗银行名称的由来有一个有趣的故事。花旗银行在上海外滩开设分行时，银行门口多设美国国旗，上海人觉得“Citibank”这个英文名读起来佶屈聱牙，那些国旗又好像一块蓝红相间的碎花布，久而久之，“Citibank”就被当地居民称为“花旗银行”，之后也被美国公司采用，成为了官方正式称谓。

汉口花旗银行大楼属于经过简化后的古典主义风格，立面为典型的三段式构图，共有五层，花岗石贴面。构图的第一段为地上一层，层高最高，门廊由两根罗马圆柱与两根方柱支撑，厚实的柱墩托着柱子，强化了入口空间。大门为拱券门，两旁各有三扇拱券窗。构图第二段为二至四层，八根粗壮的罗马柱贯穿形成长廊，柱头是爱奥尼式的涡卷纹雕饰，柱与柱之间为开敞式露台，装饰有金属栏杆。构图第三段是檐口上方部分，顶部有平台。整栋楼有虚有实，阳光照射下，阴影对比强烈。建筑整体为正方形，样式简洁，造型典雅，是北美新古典主义建筑的代表。

抗战时期，这里被日本人占据作为中江银行，之后又出租给美孚石油公司使用，美孚撤出中国后，大楼为国家所有，1950年由武汉市人民政府接管，现由中国工商银行使用。1992年被公布为湖北省文物保护单位。

汉口花旗银行大楼照片详见图4-2至图4-7所示。

图4-2　汉口花旗银行大楼正立面实景图

图4-3　汉口花旗银行大楼侧立面实景图

图4-4　汉口花旗银行大楼背立面实景图

图4-5　屋顶装饰

图4-6　入口台阶

图4-7　大门

第三节　技术图则

依据建筑实测图纸，部分辅以三维建模，用技术图则方式解析汉口花旗银行大楼的环境布局、立面造型及构成要素等建筑诸元素。汉口花旗银行大楼技术图则详见图4-8至图4-14所示。

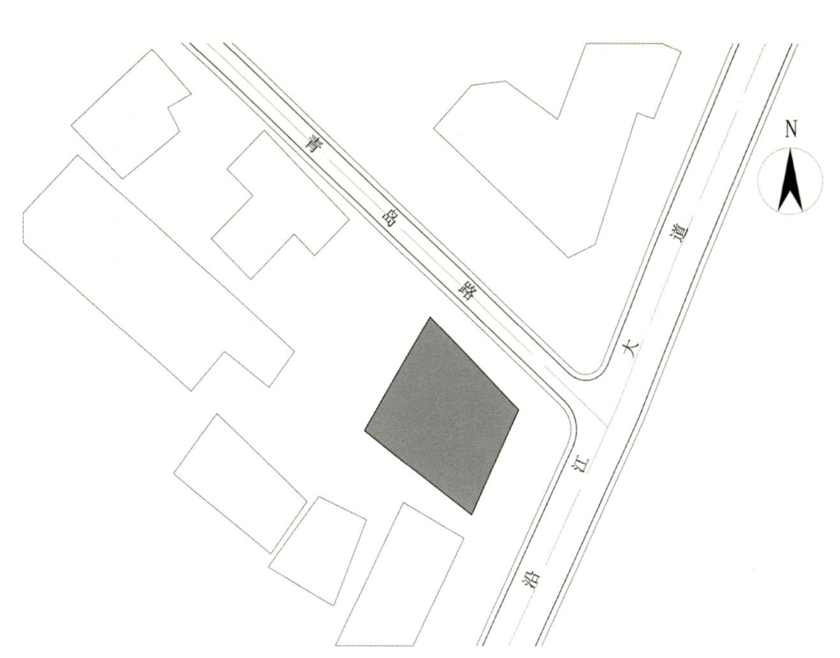

图4-8　街道关系

图4-9　正立面图

图4-10　侧立面图

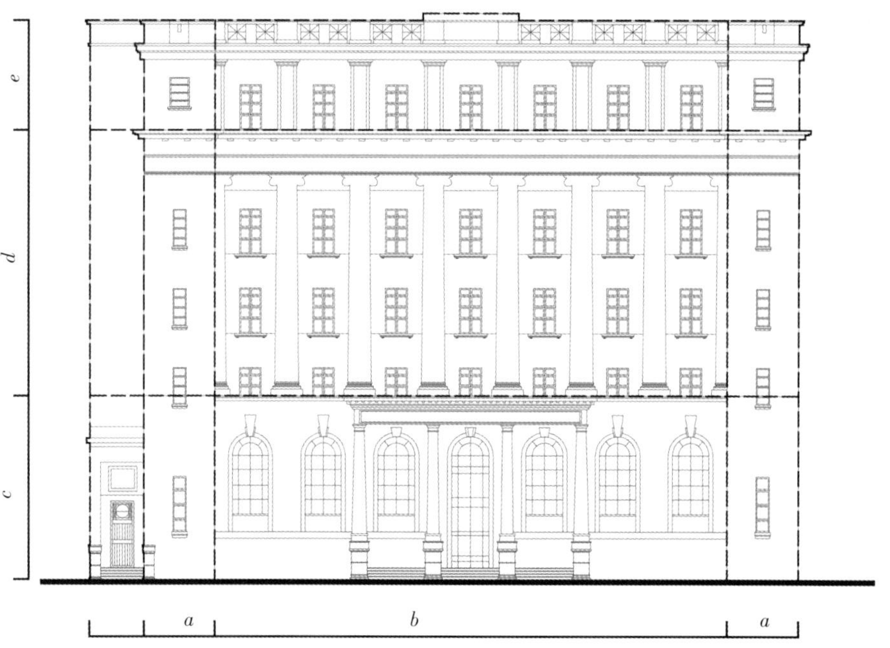

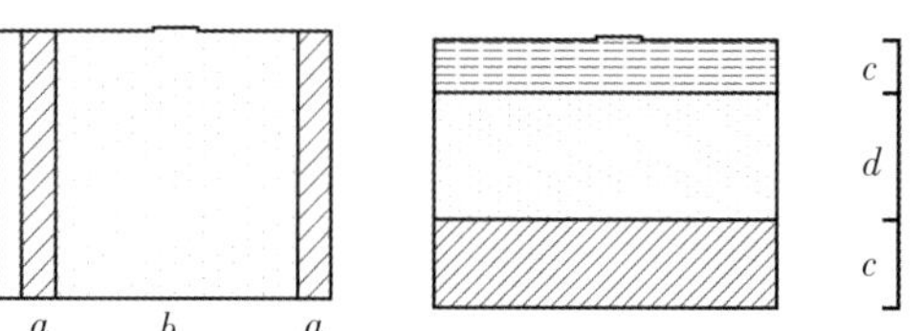

$a:b=1:7$
$e:d:c=1:2.5:1.7$

图4-11　正立面构图比例

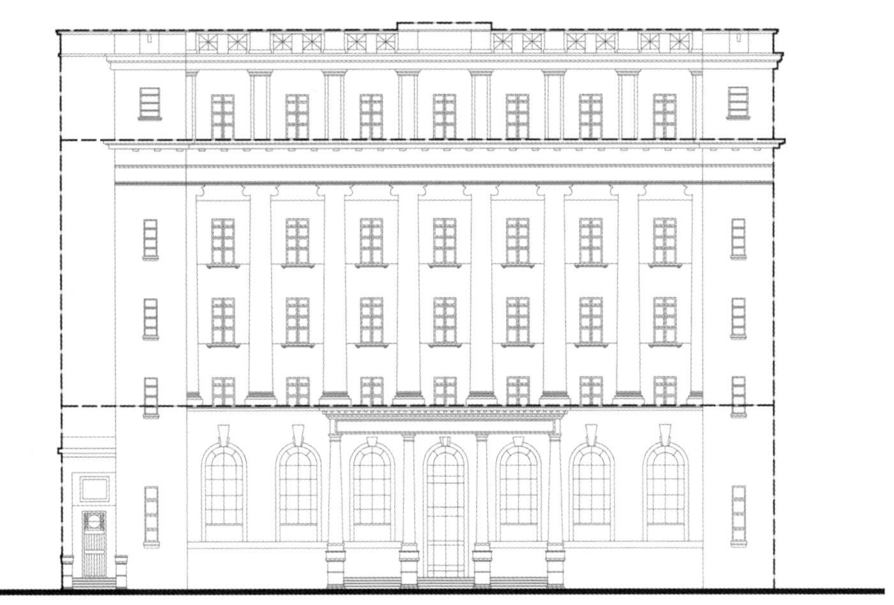

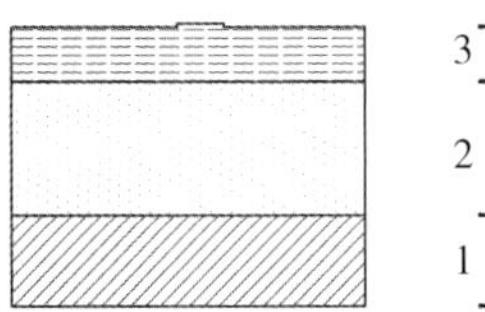

图4-12　纵向三段式构图

图4-13　重复与变化

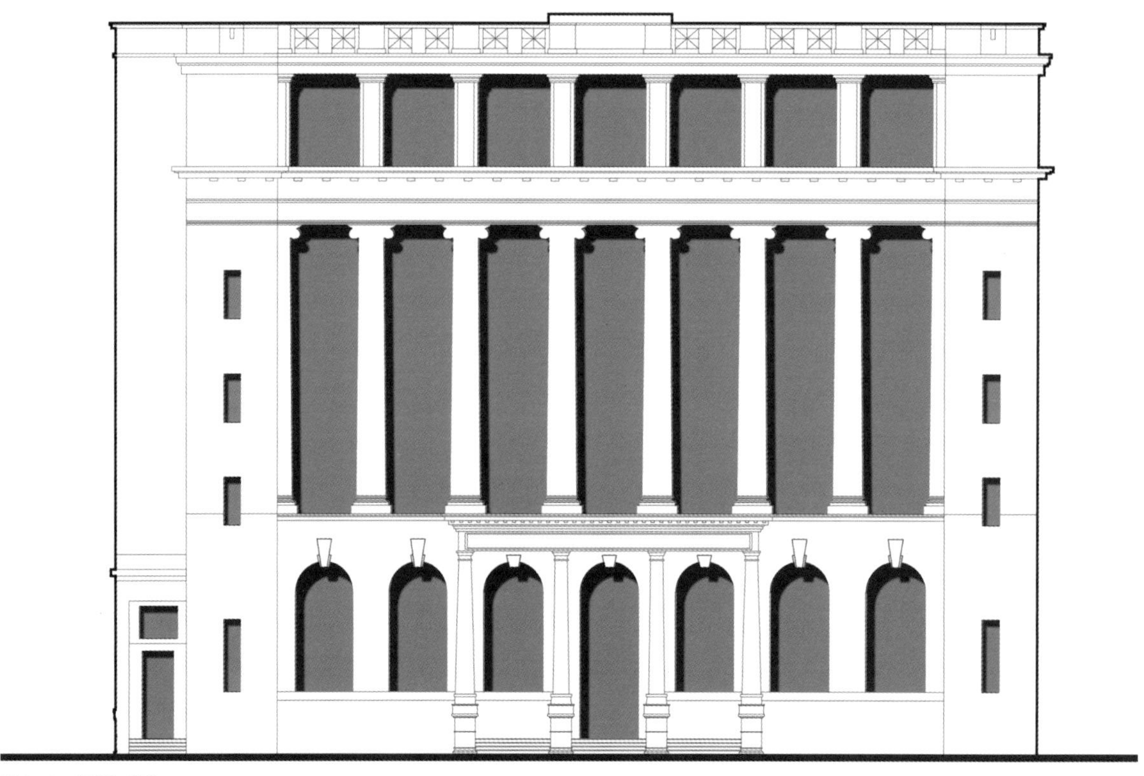

图4-14　重复与变化

05
第五章

第五章 华俄道胜银行汉口分行旧址

华俄道胜银行汉口分行旧址位于黎黄陂路口，汉口沿江大道161—162号，地处旧俄租界。这幢三层楼高的建筑，建于1896年，设计者和施工单位不详。杏黄色的涂料外墙和纪念碑似的塔楼，是这座建筑独特的标志。

第一节 历史沿革

华俄道胜银行汉口分行旧址历史沿革

时 间	事 件
1895年7月	沙皇财政大臣维特邀请法国共同投资筹建银行，取名“华俄银行”。
1896年2月13日	华俄道胜银行上海分行成立。华俄道胜银行汉口分行设立时间和上海分行一样，也是1896年。
1896年6月	清廷同意参股华俄道胜银行。
1910年	华俄银行与北方银行合并，称华俄道胜银行。
1918年	俄国革命胜利后，苏维埃政府宣布废除沙俄政府海外特权，华俄道胜银行国外经营业务自然败落。
1926年	华俄道胜银行总行因证券交易失利而破产清理。9月底，上海及哈尔滨等各分行被迫关闭。9月30日，中国政府颁布《清理中国境内华俄道胜银行章程》，华俄道胜银行各分支行全部关闭。华俄道胜银行旧址被国民政府收为财政部办公地点。
1927年	宋庆龄来到汉口，在这幢楼房的二楼居住了八个月。
2000年	此楼被蓝光公司租赁，复原宋庆龄居住房间，设立“宋庆龄纪念馆”。
2002年	华俄道胜银行汉口分行旧址被公布为湖北省文物保护单位。

第二节 建筑概览

华俄道胜银行退出中国之后，这栋楼房一直没有被闲置，而是扮演了不同的角色。1926年，武汉国民政府将它作为财政部办公地点。之后，宋庆龄来到汉口，在这幢楼房的二楼居住了八个月。由于南京国民政府同武汉国民政府合并，中央银行成立，这里便成为民国中央银行武汉分行的办公处。该楼曾经还是华江制药厂办公室。如今这里成为了宋庆龄纪念馆，并被公布为湖北省文物保护单位。

华俄道胜银行汉口分行旧址为砖混建筑，地上四层，地下一层，第四层实为隔热层。在临近沿江大道的一侧，建筑立面被设计为典型三段式构图，借回廊的雕花铁栏和铁制吊灯，让人浮想联翩。主入口面对长江，沿着八步台阶拾级而上，就可进入一层内廊。回廊外，正中的圆拱形大门上方，悬挂着“宋庆龄汉口旧居纪念馆”的黑色牌匾，将古典风格的高雅和现代手法的精巧发挥得淋漓尽致。这种既有隔热层又有内廊的设计十分适合武汉气候。

建筑正立面一至三层都有内廊，一层门廊为拱券门窗，二、三层为斜角方框透空窗。建造在塔楼上的窗户，随着层数越高，窗户尺寸越小，在不规则中跳跃，使小楼显得别致又独特，表现出现代风格的创新精神。楼顶有一排方形气窗，上面是凸出的屋檐。从主入口进入楼内，可以看到一间厅堂，这里用作客人等候休息，也起到了交通枢纽的作用。

建筑面向黎黄陂路的那一面，左右两边各突出一个立方体塔楼，右边的塔楼也是正立面左边的塔楼，整个建筑正立面并不是严格对称，突出的塔楼部分与透空走廊形成了对比，加上亮黄色的墙面，整个建筑没有与其他银行一样给人严肃的感觉，反而是多了一份活泼与别致的情怀。

华俄道胜银行汉口分行旧址照片详见图5-1至图5-6所示。

图5-1 华俄道胜银行汉口分行旧址正立面实景图

图5-2 华俄道胜银行汉口分行旧址局部透视实景图

图5-3　华俄道胜银行汉口分行旧址局部实景图

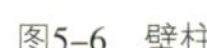

图5-6　壁柱

图5-4　窗户（1）

图5-5　窗户（2）

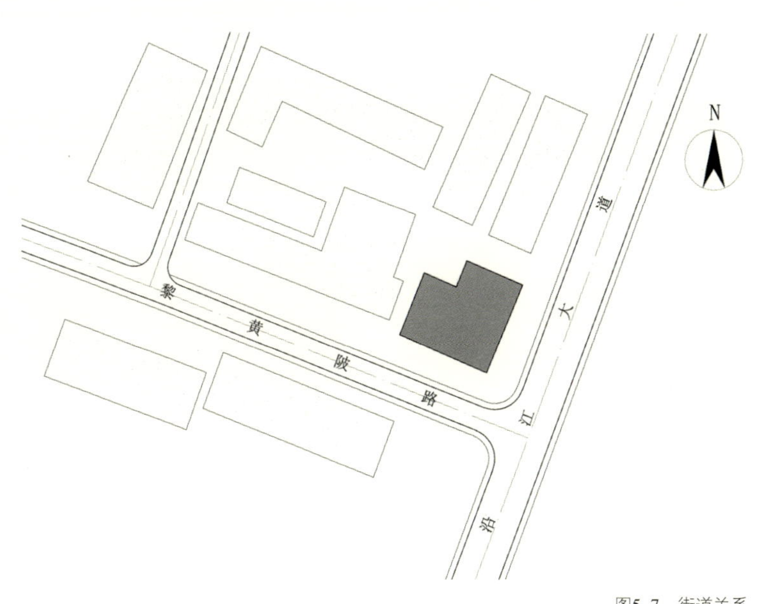

图5-7　街道关系

第三节　技术图则

依据建筑实测图纸，部分辅以三维建模，用技术图则方式解析华俄道胜银行汉口分行旧址的环境布局、平面布置、功能流线、围护结构、采光及通风等规划建筑诸元素。华俄道胜银行汉口分行旧址技术图则详见图5-7至图5-17所示。

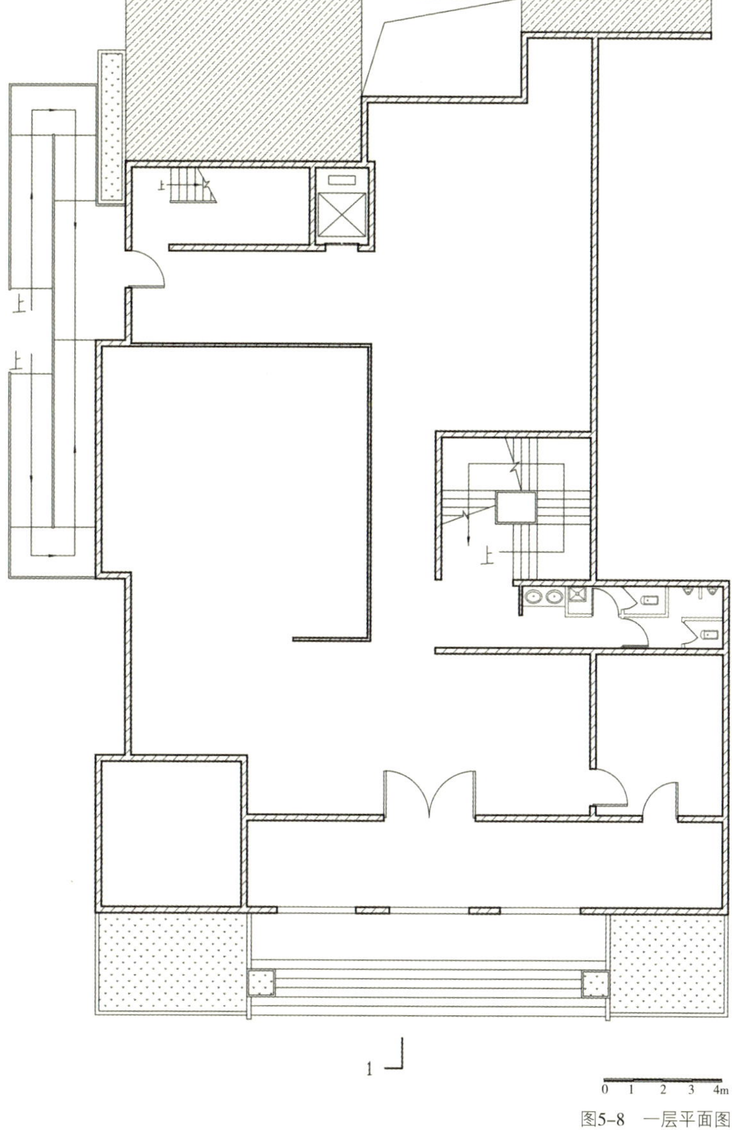

图5-8　一层平面图

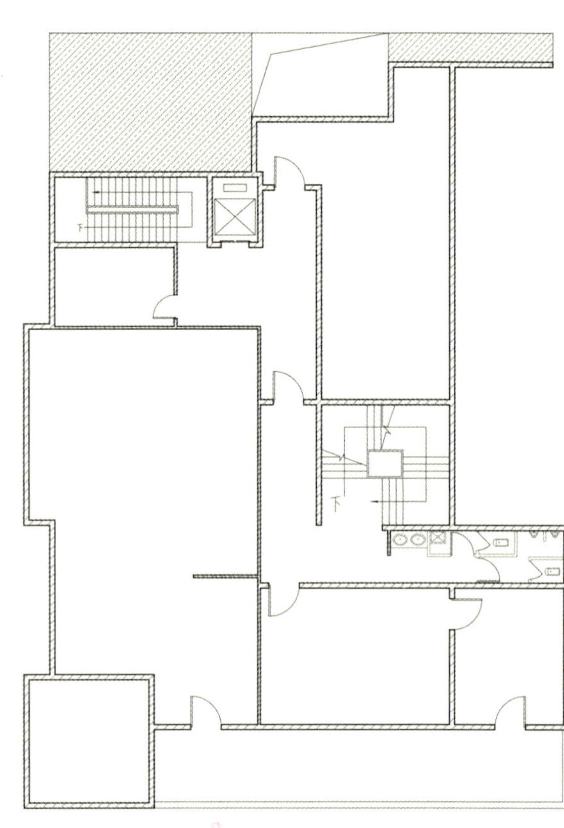

图5-9　二层平面图

图5-10　立面图

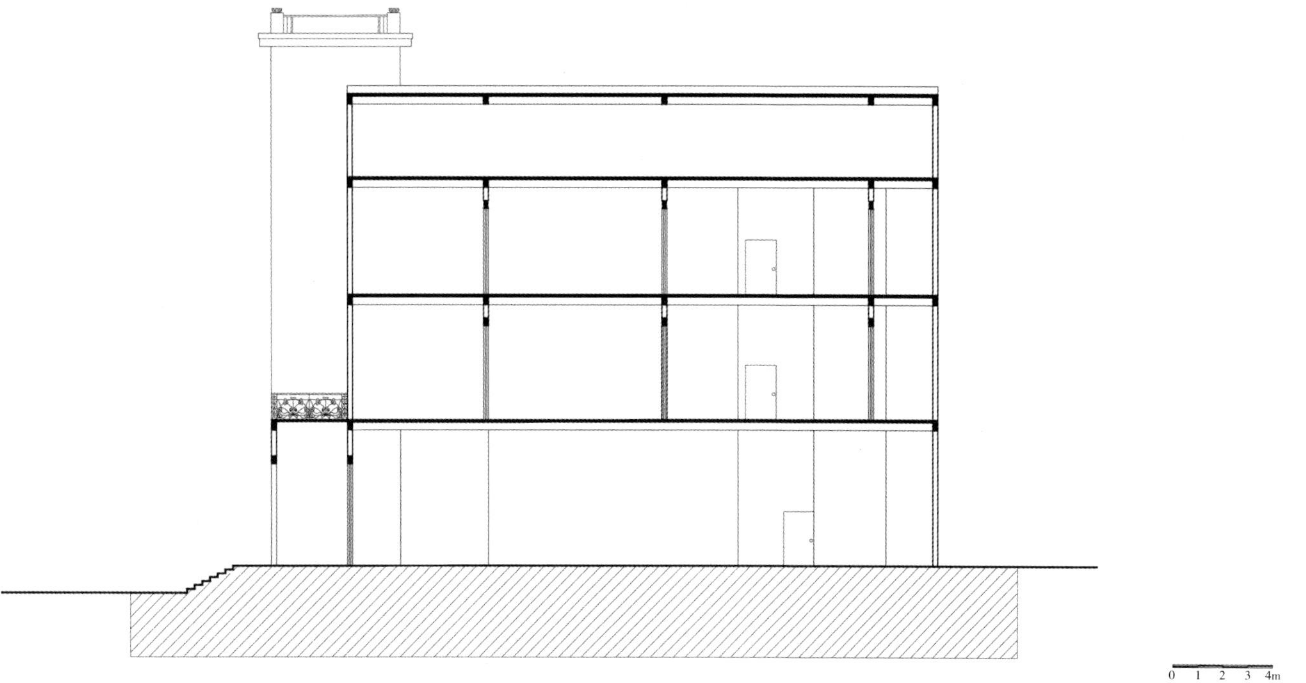

图5-11　1-1剖面图

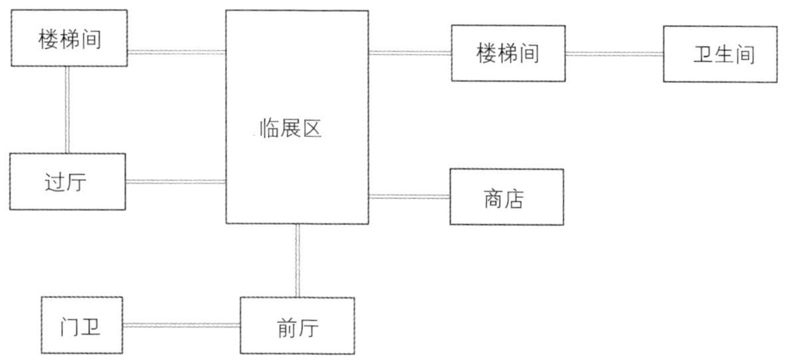

图5-12　功能分析图

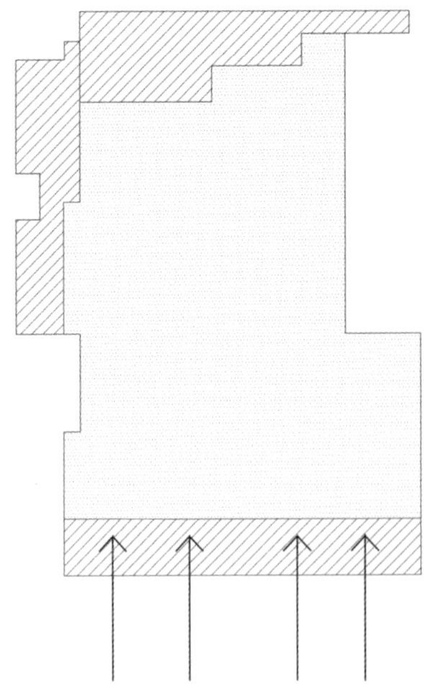

图5-13　平面灰空间

◆ 图5-14：建筑构图遵循西方古典主义的建筑风格。

$a:b=1:3.2$
$c:d=5:5.1$

图5-14　立面构图比例

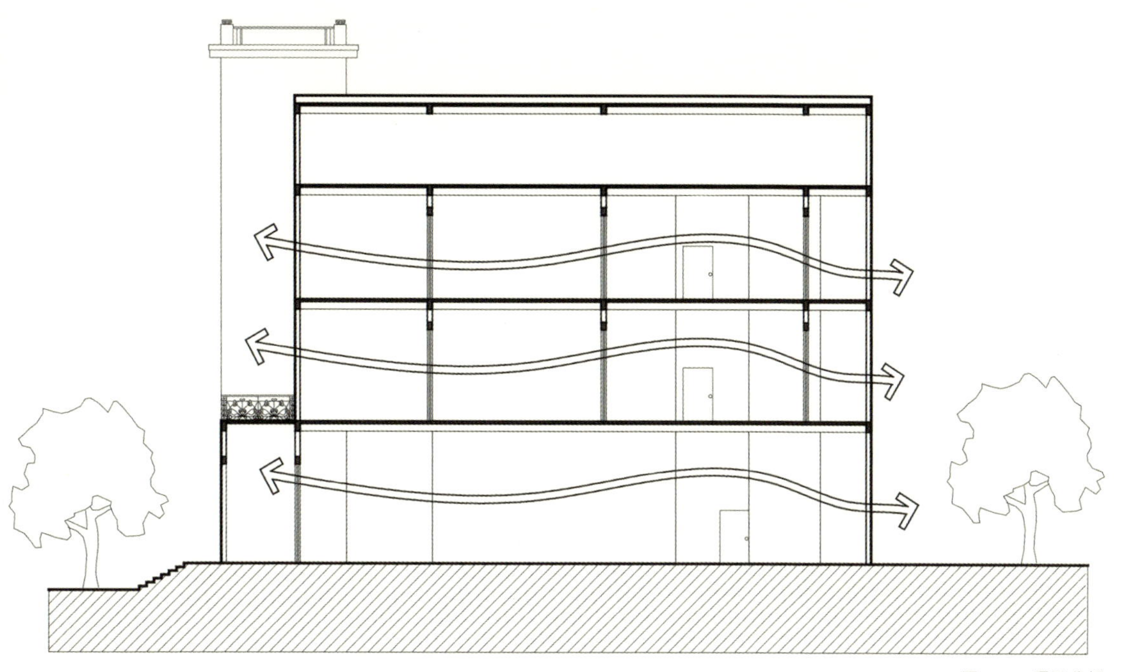

图5-15　通风分析

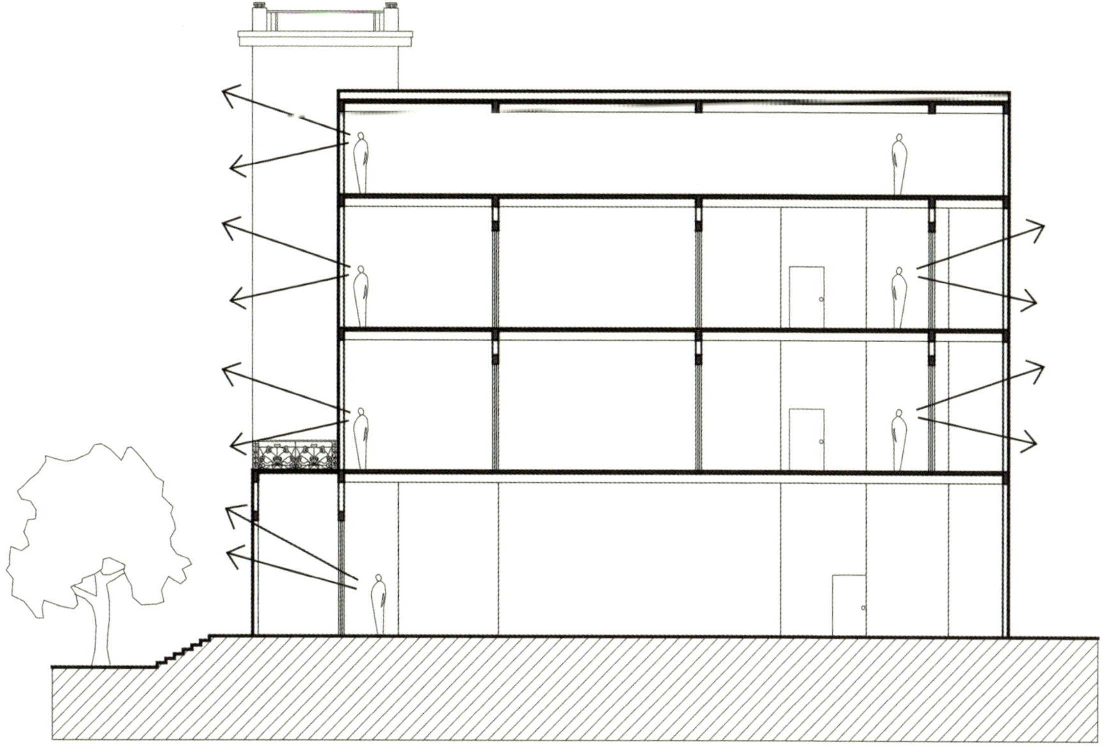

图5-16　采光分析

◆ 图5-17：虚实对比是建筑立面非常重要的语言，通过门窗与实墙、凸凹与退进、台阶与茶座来传达出建筑生动、人性化的情感特性。

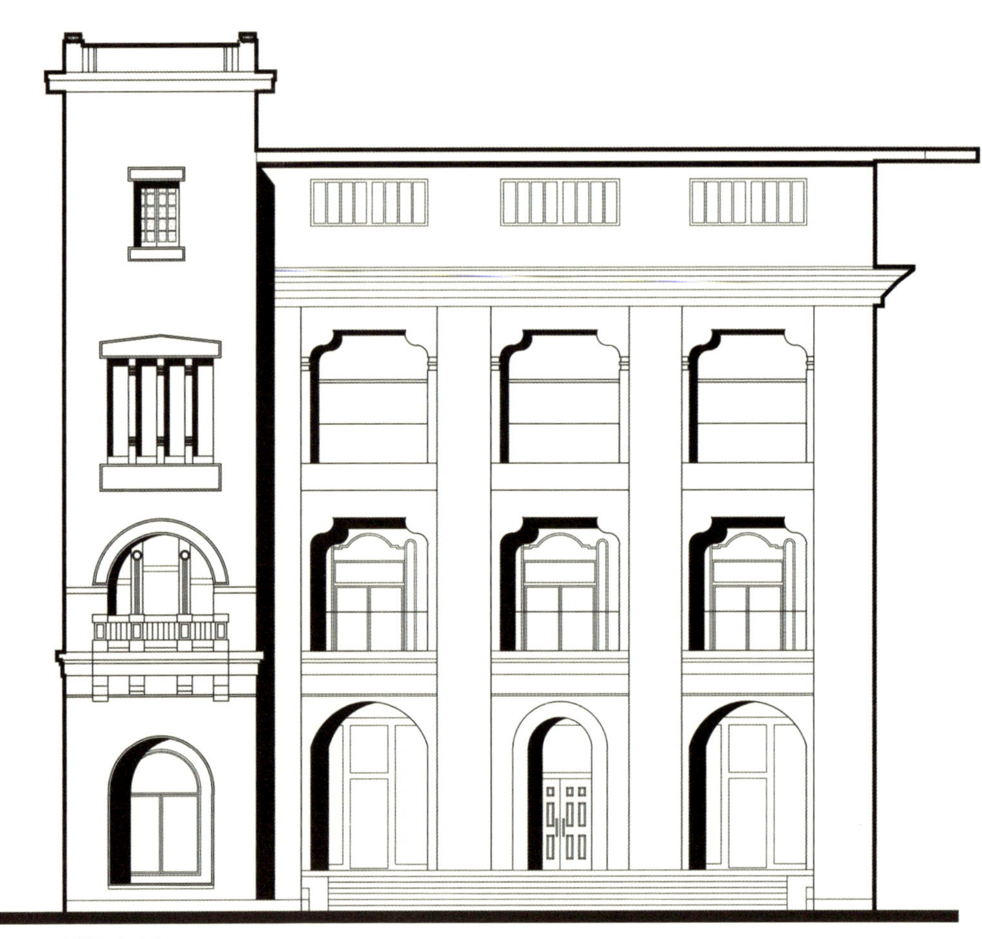

图5-17　立面虚实对比

06
第六章

第六章 汉口横滨正金银行大楼

汉口横滨正金银行大楼位于汉口沿江大道129号。早在1894年，横滨正金银行就在汉口英租界江滩开设了分行，当时的建筑为二层砖木结构建筑，采用日式屋顶，墙面为西洋风格的装饰，是一栋典型的“和洋混合”建筑。1921年旧物被拆除，建造了四层大楼，就是如今立于长江之畔的美丽白色建筑，它是由景明洋行的英国设计师海明斯设计，汉协盛营造厂施工，主体采用古典主义风格，掺加了现代派建筑元素，典雅之中蕴含现代的明快与简洁。建筑地上四层，地下一层，总建筑面积达4969m^2。

第一节 历史沿革

汉口横滨正金银行大楼历史沿革

时 间	事 件
1880年	横滨正金银行总行在日本横滨开设。
1893年	横滨正金银行在上海设立分行，之后陆续在香港、天津、北京、大连、沈阳、汉口等地开设分支行，全面展开了中国业务。
20世纪初期	日本正金银行积极参与对华借款，以争取在华利益，其中汉冶萍借款为重要一例。抗日战争期间，日本在华北和华中设立的正金银行分支机构有20余家。正金银行和其他在华日本银行是所有在华银行中发行纸币量最多的银行。
1938年10月	武汉沦陷，不少外国在汉口的银行被迫停业或是撤离，日本正金银行依然留在汉口。
1941年	太平洋战争爆发，留守汉口的其他外国银行都被日军接管，仅有正金、台湾、汉口等日本银行正常营业。
1945年8月	日本投降，横滨正金银行在华产业被国民党政府没收，由中国银行接手清理其资本。
1998年	横滨正金银行大楼被公布为武汉市文物保护单位。
2001年	在建设江滩期间对其进行了整修。
2006年	作为汉口近代建筑群的一部分列为全国重点文物保护单位。

第二节 建筑概览

横滨正金银行是东京银行的前身，于1880年在日本横滨设立总行，当时受日本政府特殊优惠和保护的银行共有8家，横滨正金银行便是其中之一。作为日本重要的金融机构之一，横滨正金银行具有半官方性质，属外汇专业银行，同时也是日本在华最早的一家银行。

图6-1　汉口横滨正金银行大楼透视实景图

图6-2　汉口横滨正金银行大楼东立面实景图

图6-3　汉口横滨正金银行大楼西立面实景图

1946年，横滨正金银行被同盟国最高司令官总司令部命令解散。

汉口横滨正金银行大楼建筑为现代风格的古典主义形式，典型的三段式构图。外墙全部采用麻石材料，楼高24m，砖混结构。建筑师利用沿江大道与南京路交汇处的转角设计主入口，两侧采用爱奥尼双柱组合形成柱廊，柱身中段稍粗，带有收分，具有典型的古希腊遗风。巨大的柱子改善了街景，显得十分有气势。三、四层之间有腰线，将大楼划分成两个部分。建筑立面虚实结合，明暗对比强烈，给人以视觉上的享受。

建筑功能上，将底层设为仓库用房，二层中部为营业大厅，两侧为办公用房。大厅内不设柱子，开敞式大空间方便业务办理。大厅天花有三个矩形玻璃顶盖的采光天井，直达三层楼顶，梁下的雕饰极其精美。三层办公用房围绕天井由回廊连通，四层则作为员工公寓。办公室的地面为白色大理石铺地，营业厅则是水磨石地面，房间内铺木地板。内部装饰华丽，带有一些日本元素。

1998年，汉口横滨正金银行大楼被公布为武汉市文物保护单位，2006年作为汉口近代建筑群的一部分列为全国重点文物保护单位。

汉口横滨正金银行大楼照片详见图6-1至图6-11所示。

图6-4 东立面入口实景图

图6-5 西立面入口实景图

图6-6 南立面入口实景图

图6-7 汉口横滨正金银行大楼北立面实景图

图6-8　汉口横滨正金银行大楼局部实景图

图6-9　双柱

图6-10　石狮雕像

图6-11　建筑细部

第三节　技术图则

依据建筑实测图纸，部分辅以三维建模，用技术图则方式解析汉口横滨正金银行大楼的环境布局、平面布置、功能流线、围护结构、采光及通风等规划建筑诸元素。汉口横滨正金银行大楼技术图则详见图6-12至图6-34所示。

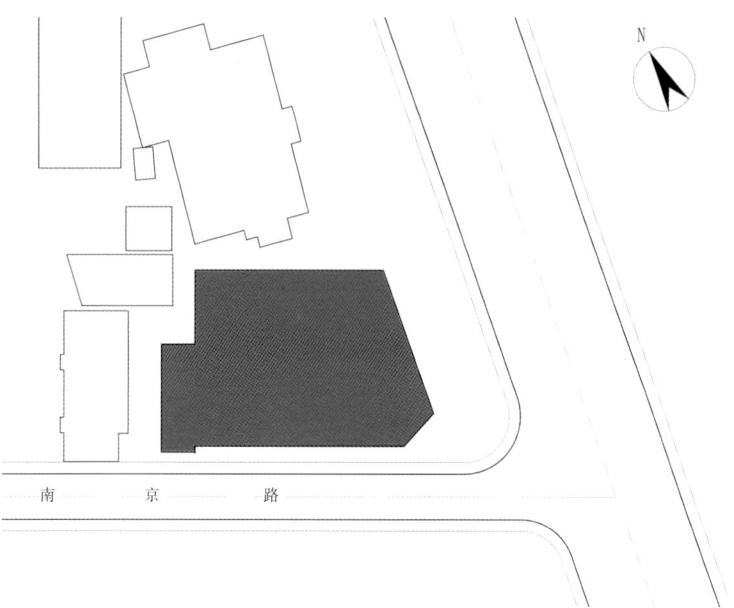

图6-12　街道关系

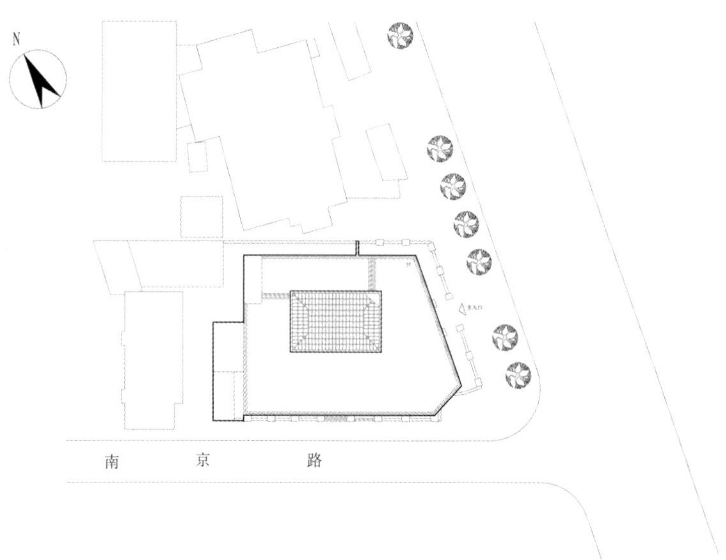

图6-13　总平面图

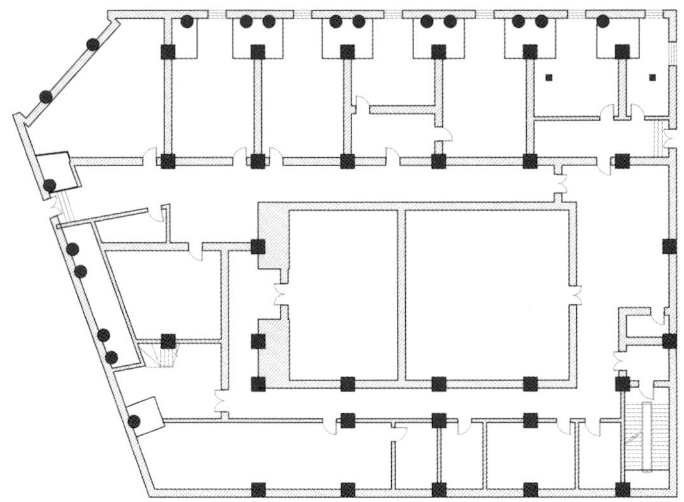

图6-14　地下层平面图

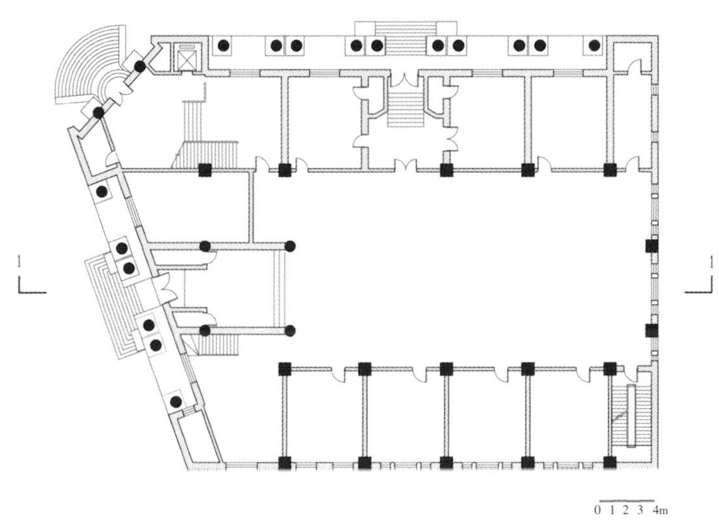

图6-15　一层平面图

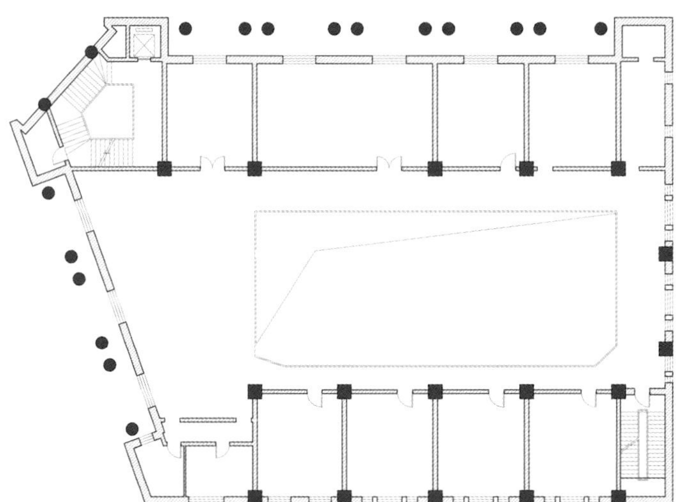

图6-16　二层平面图

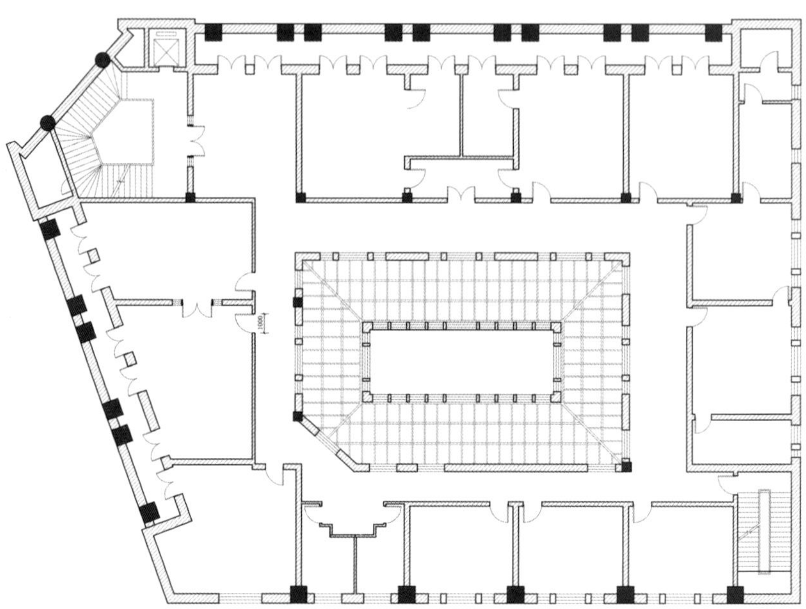

图6-17　三层平面图

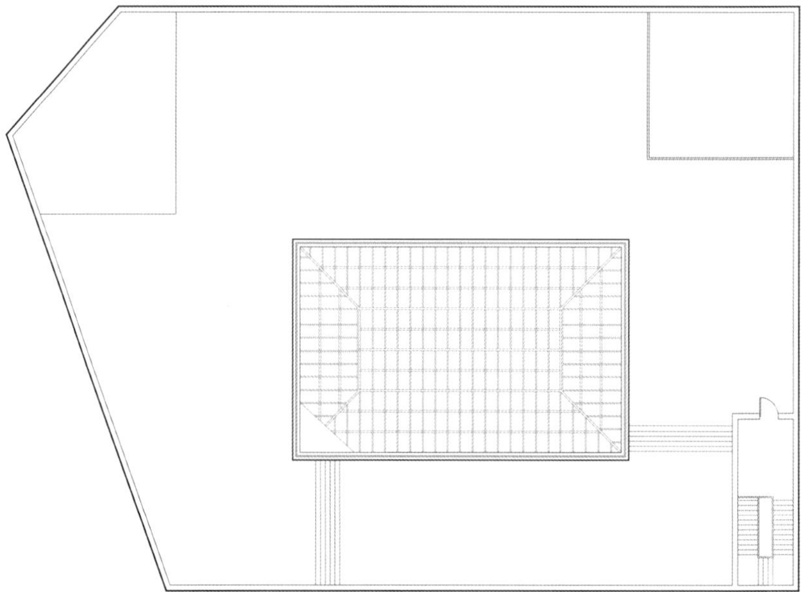

图6-18　屋顶层平面图

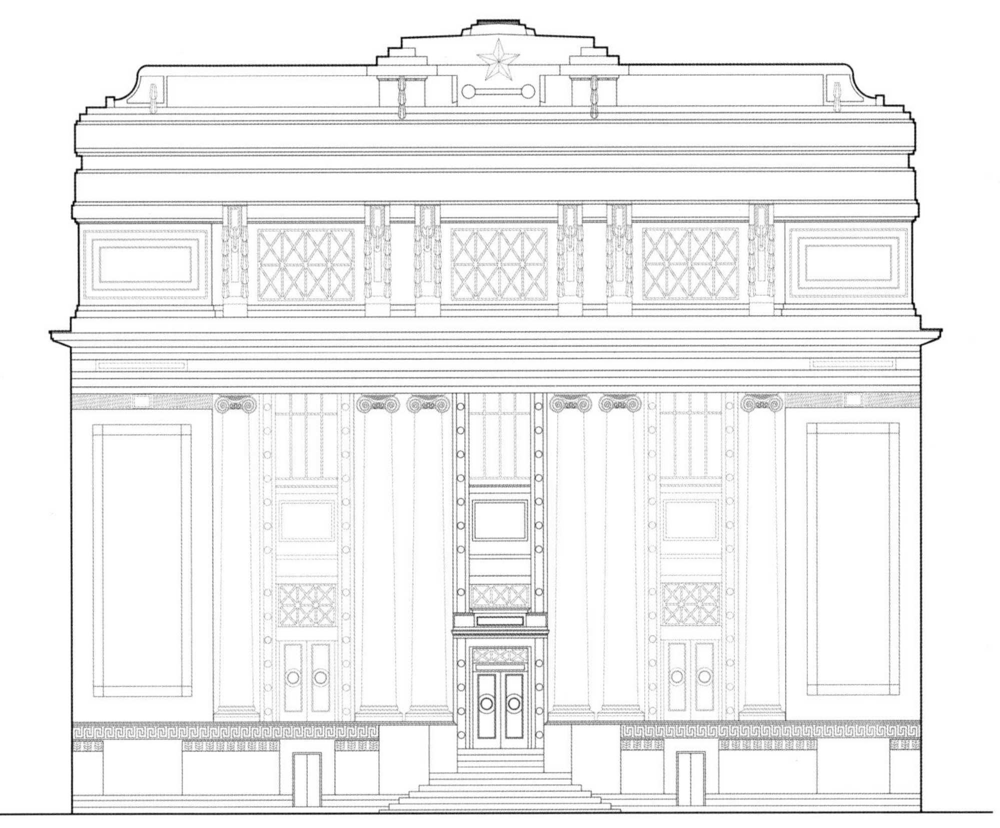

图6-19　东立面图

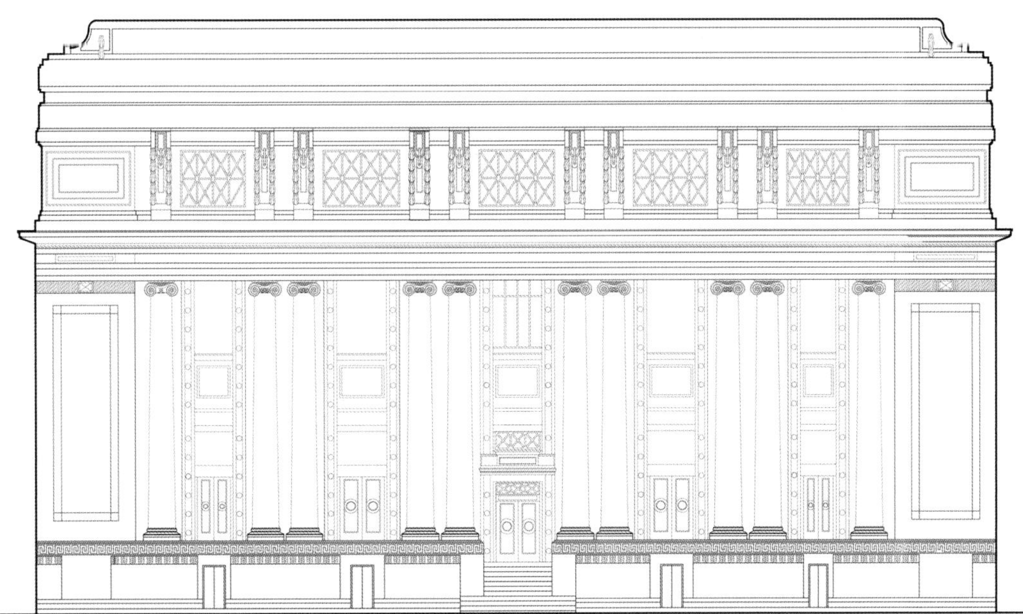

图6-20　西立面图

图6-21　南立面图

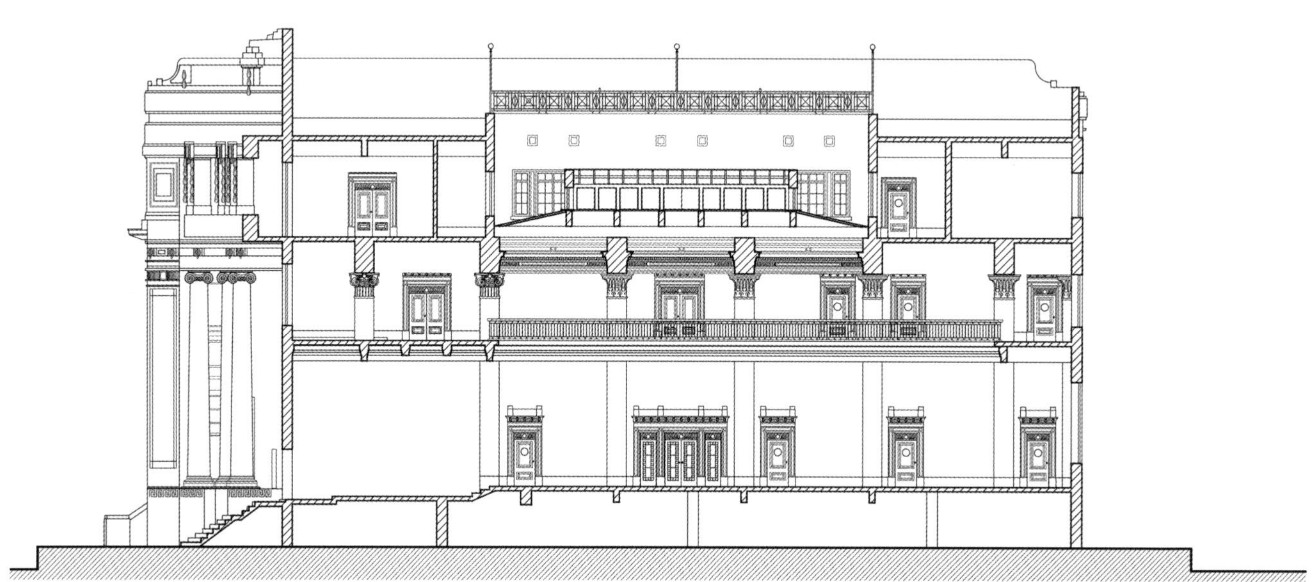

图6-22　1-1剖面图

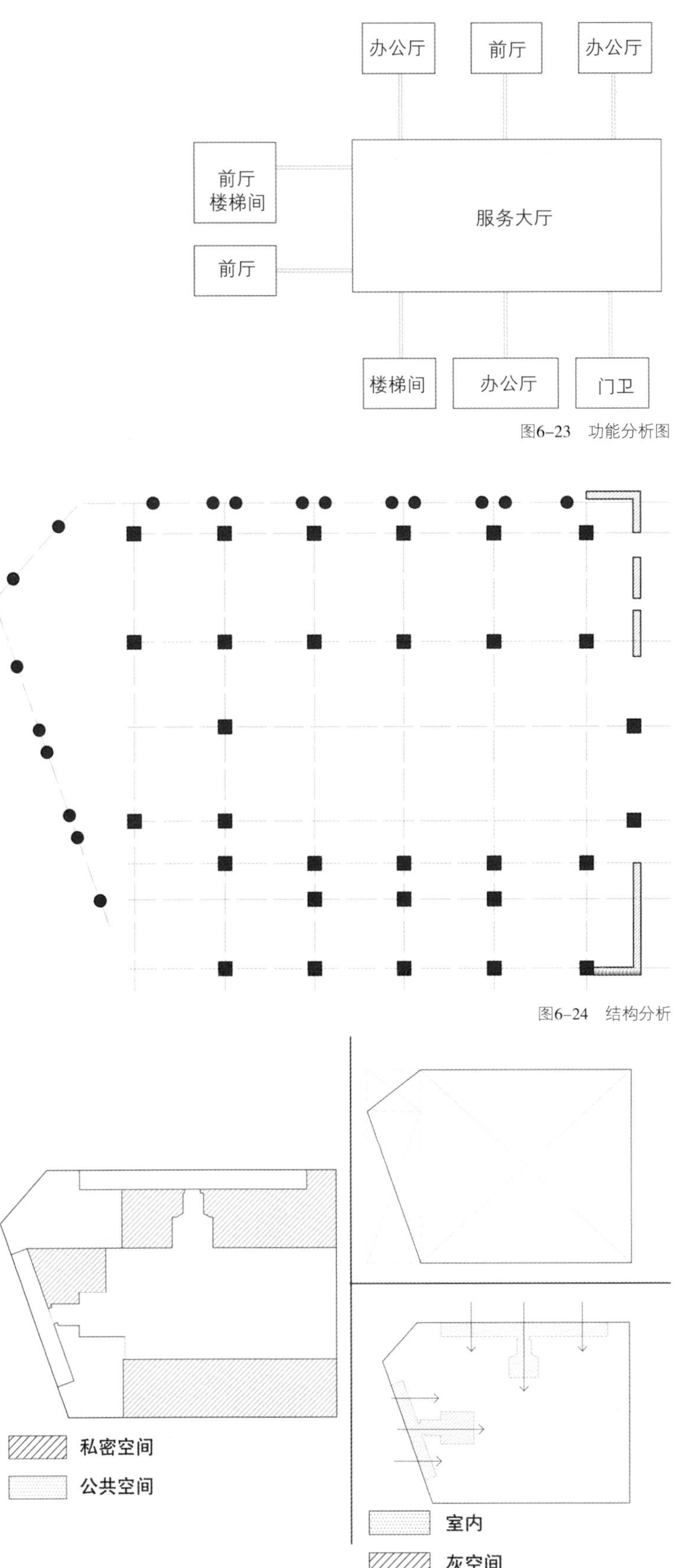

图6-23　功能分析图

图6-24　结构分析

图6-25　公共与私密、几何关系、平面灰空间

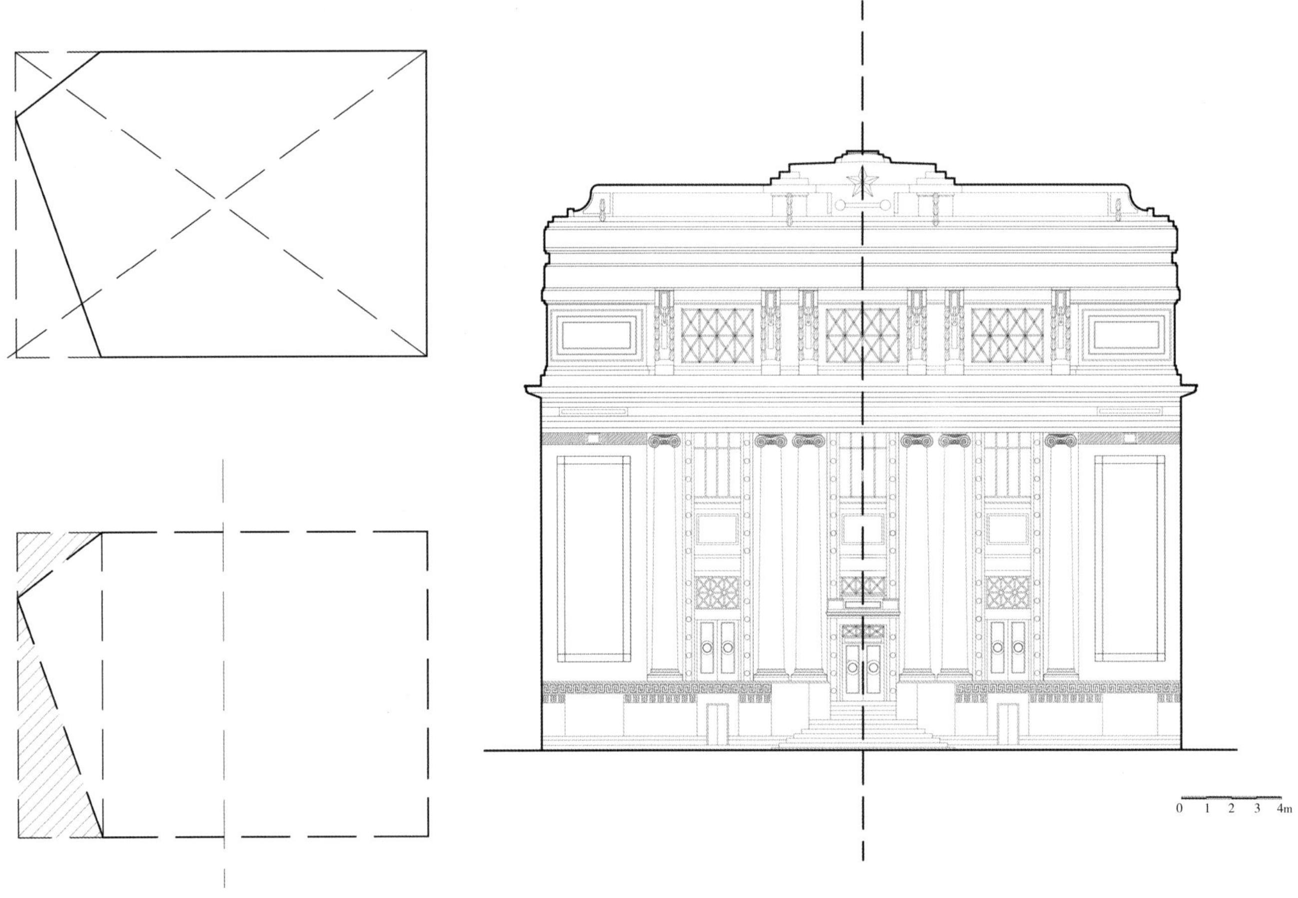

图6-26 动态与均衡

图6-27 对称与均衡

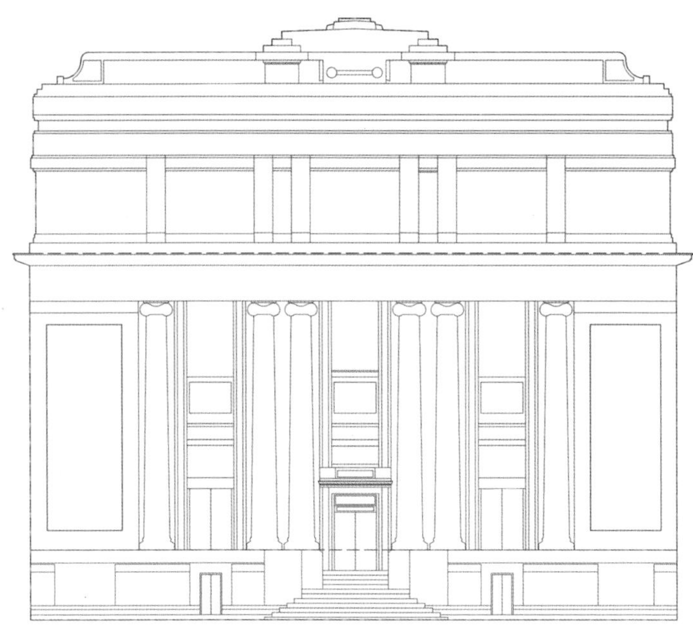

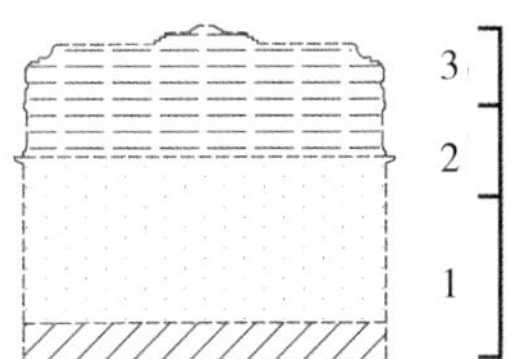

图6-28　纵向三段式构图

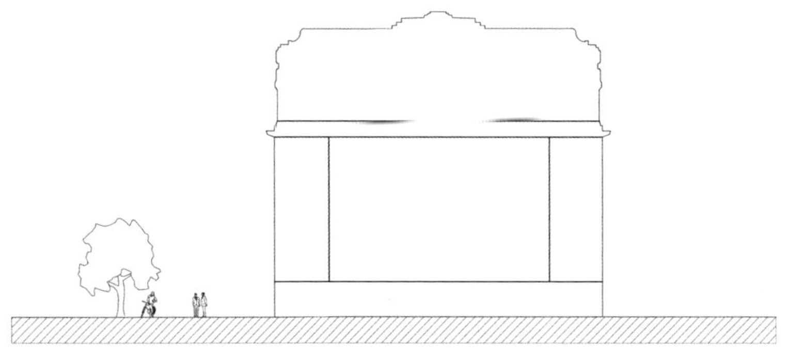

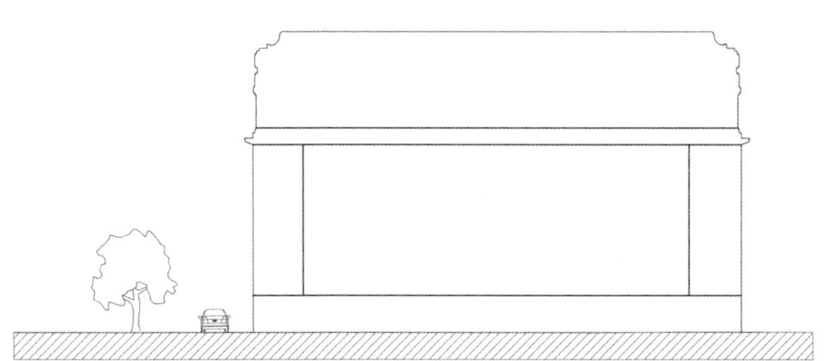

图6-29　体量关系

◆ 图6-30：韵律亦是建筑立面中重要的语言，通过门窗洞口、柱子等表现出重复与变化的节奏，诠释出建筑如同音乐般的形式之美。

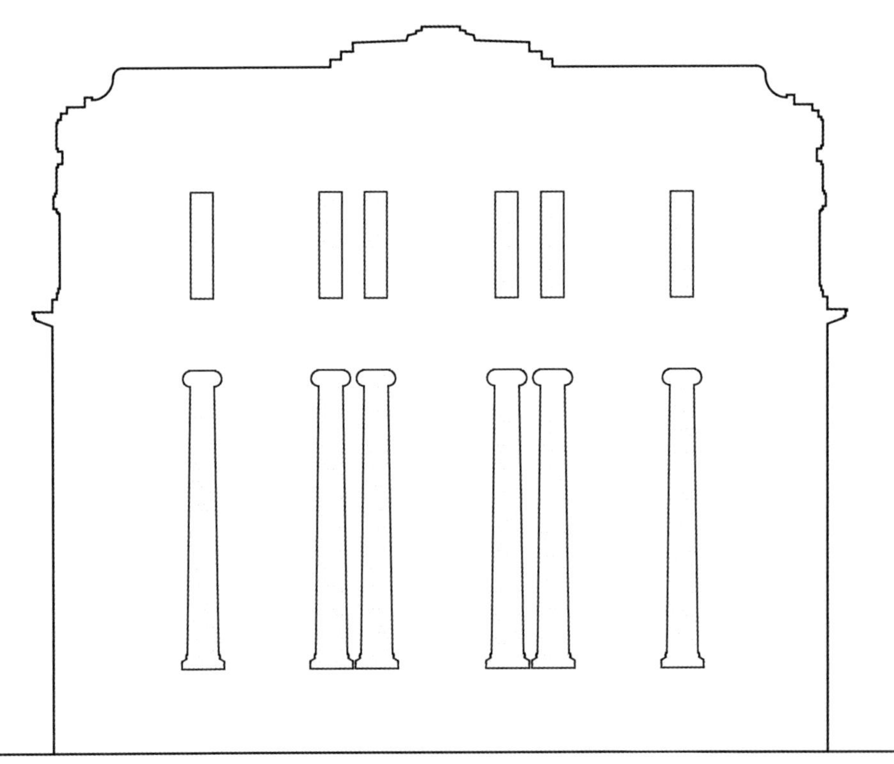

图6-30 韵律

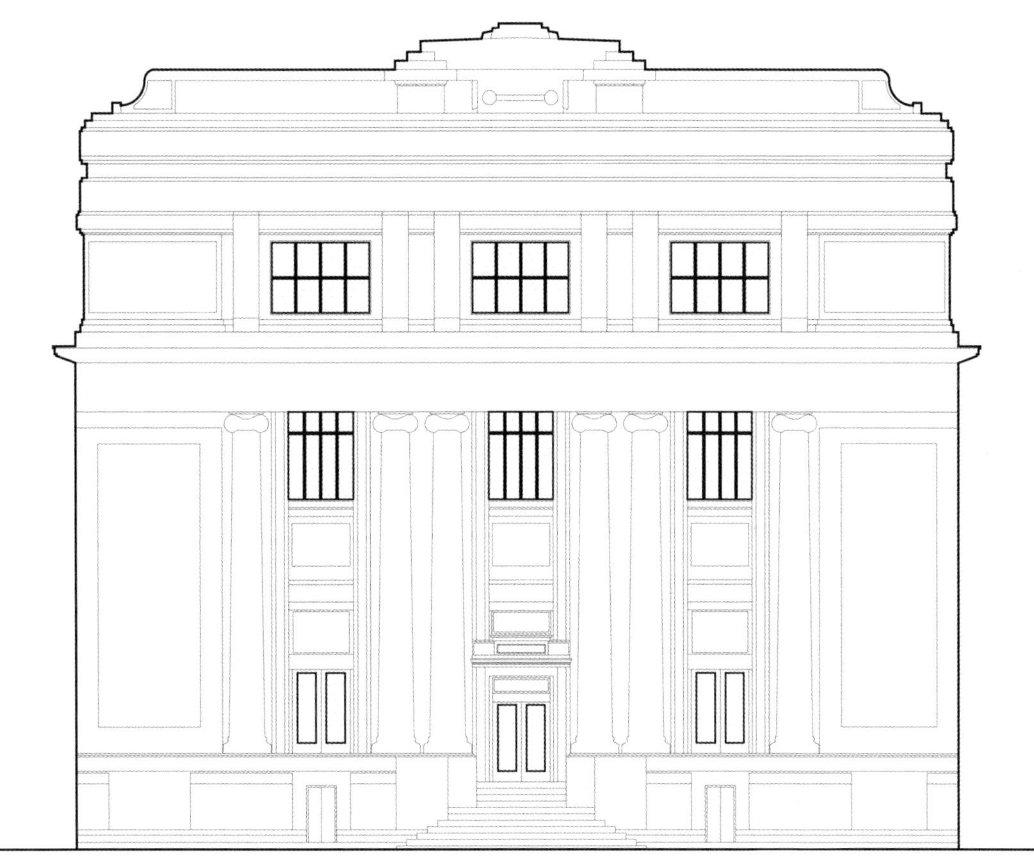

图6-31　重复与变化

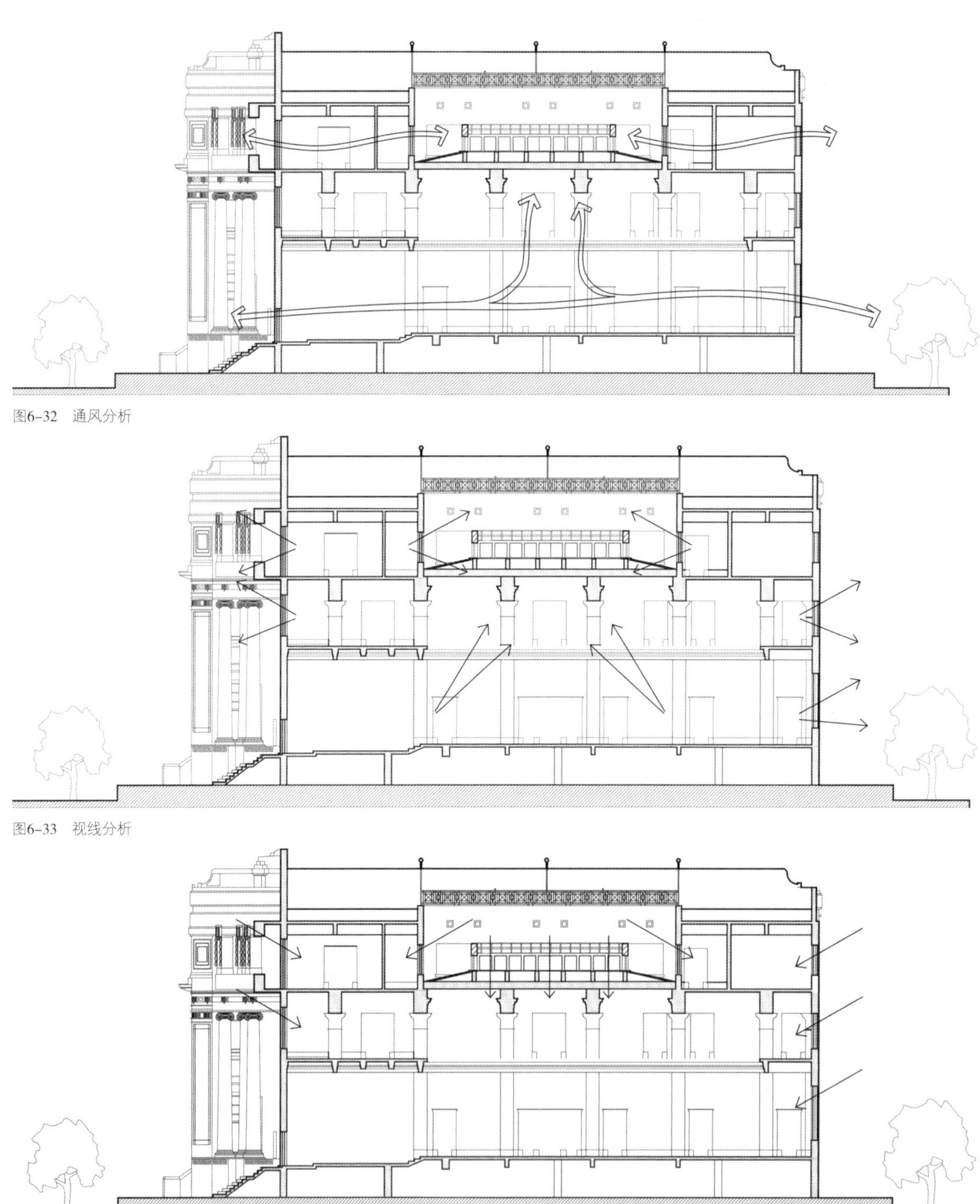

图6-32　通风分析

图6-33　视线分析

图6-34　采光分析

07
第七章

第七章 中国银行汉口分行旧址

中国银行汉口分行旧址位于中山大道593号，江汉路步行街与中山大道交汇处。大楼是一幢灰褐色的正方体建筑，由英商通和有限公司设计，汉合顺营造厂建造，1915年开工，1917年建成，建筑面积4939.48m²，是汉口开埠后早期的钢筋混凝土大楼之一。共有五层楼，地上四层为办公楼，地下一层为仓库用房，总造价纹银8.7万两。

第一节 历史沿革

中国银行汉口分行旧址历史沿革

时 间	事 件
1905年	清政府在北京设立“户部银行”，这是中国最早由官方开办的国家银行。
1908年02月	户部银行改称“大清银行”。在上海、天津、汉口等地设立了20家分行。
1911年	辛亥革命后政权转移，大清银行由中国银行兼并，改名“中国银行”。
1912年	中国银行成立。
1913年	开设汉口分行，设立临时营业点。
1915年	在歆生路（即江汉路）正式兴建。
1949年	中国银行由新中国政府接收，位于中山大道上的这幢老楼，仍旧为中国银行汉口分行大楼。
1998年	中国银行汉口分行旧址被公布为武汉市文物保护单位。
2014年	中国银行汉口分行旧址被公布为湖北省文物保护单位。

第二节 建筑概览

1913年，中国银行在汉口开设分行，设立临时营业点，1915年在歆生路（即江汉路）正式兴建。中国银行最早属大清银行，之后由于辛亥革命成功推翻了清王朝的统治，结束了封建君主专制制度，建立了中华民国，因此，大清银行被改为中国银行，总行行址由北京迁往上海，原汉口大清银行也被改为中国银行汉口分行。

图7-1　中国银行汉口分行旧址透视实景图

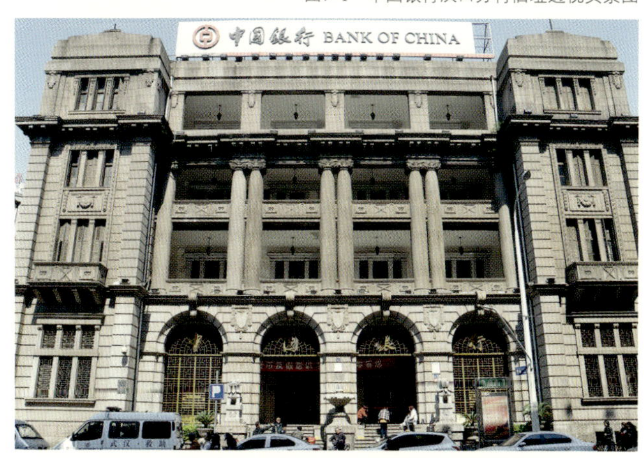

图7-2　中国银行汉口分行旧址正立面实景图

图7-3　中国银行汉口分行旧址侧立面实景图

大楼自建成后，一直被中国银行汉口分行作为办公地点。之后武汉解放，市军管会接管了中国银行并在原址复业，之后又由中国人民银行汉口分行领导。随后，由于我国社会主义经济日益发展，原大楼已无法满足使用需求，除国际汇兑部和储蓄部继续在此使用大楼外，80年代初，该行在京汉大道和黄石路口筹建新银行大楼。为了保护好这栋历史建筑，由银行出资，对中国银行汉口分行旧址进行了一次全面的修缮。

建筑平面为回字形，风格为欧洲古典主义，整栋建筑给人宏伟大气的视觉感。正立面为横三段、纵三段式构图，纵向分为台座、楼身和檐部三段，横向两端往前突起，以主入口为中心对称布局。建筑外墙面为花岗石材料，门廊圆柱亦为花岗石拼接。底层中段部分为四个连续发券入口，二、三层中部设置两层通高的爱奥尼壁柱，与下面的拱形入口相互对应，顶部的柱子则为方柱，虚实对比，气势宏大。建筑一到二层之间有腰线装饰，三到四层有锯齿形出檐，檐部装饰精美。正立面左右两侧竖向开有方形大窗，窗户外装饰有小阳台，阳台、墙面、柱头上都刻有精美雕饰。建筑门前的十级花岗石台阶可直接通向二层空廊。楼内底层为仓库用房，二层为营业大厅及业务用房，三、四层为办公、公寓用房。房间内部装饰精美、古朴，体现出银行高贵的气质。所有房间组成一个前窄后宽的回字形，中间设有玻璃采光天井，满足室内的采光需求。整个大楼的中部设置为外廊，而左右均为内廊结构。内廊的空间高大宽敞，铺设着拼木地板，装饰褐色木质墙裙、方形壁柱，华贵典雅。

整座建筑立面恢宏大气，尺度严谨，室内装饰古朴精致，是难得的建筑艺术珍品。

中国银行汉口分行旧址照片详见图7-1至图7-16所示。

图7-4　中国银行汉口分行旧址局部实景图（1）

图7-7　中国银行汉口分行旧址局部实景图（4）

图7-5　中国银行汉口分行旧址局部实景图（2）

图7-6　中国银行汉口分行旧址局部实景图（3）

图7-8　中国银行汉口分行旧址局部实景图（5）

图7-9　中国银行汉口分行旧址窗户（1）　图7-10　中国银行汉口分行旧址窗户（2）　图7-11　中国银行汉口分行旧址窗户（3）

图7-12　喷泉雕塑

图7-13　外墙浮雕

图7-14　建筑细部（1）

图7-15　建筑细部（2）

图7-16　石狮雕像

第三节　技术图则

依据建筑实测图纸，部分辅以三维建模，用技术图则方式解析中国银行汉口分行旧址的环境布局、平面布置、功能流线、围护结构、采光及通风等规划建筑诸元素。中国银行汉口分行旧址技术图则详见图7-17至图7-32所示。

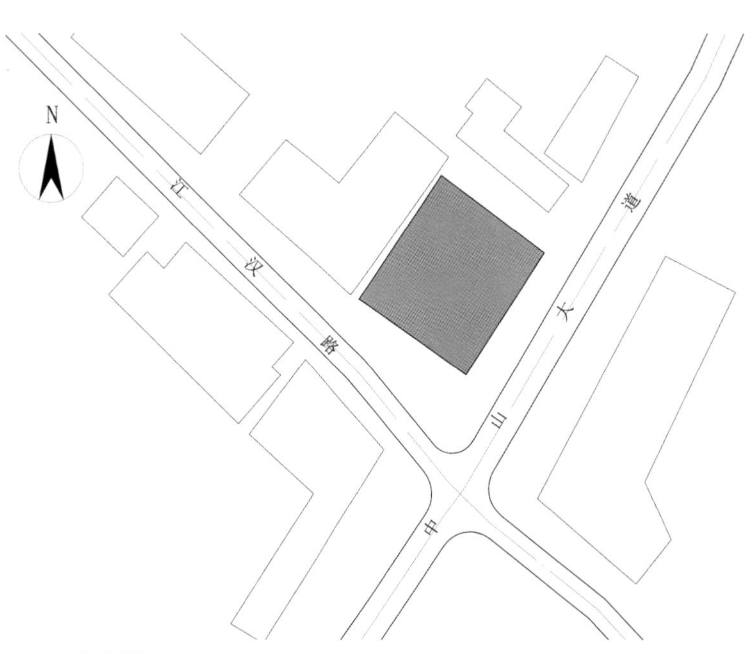

图7-17　街道关系

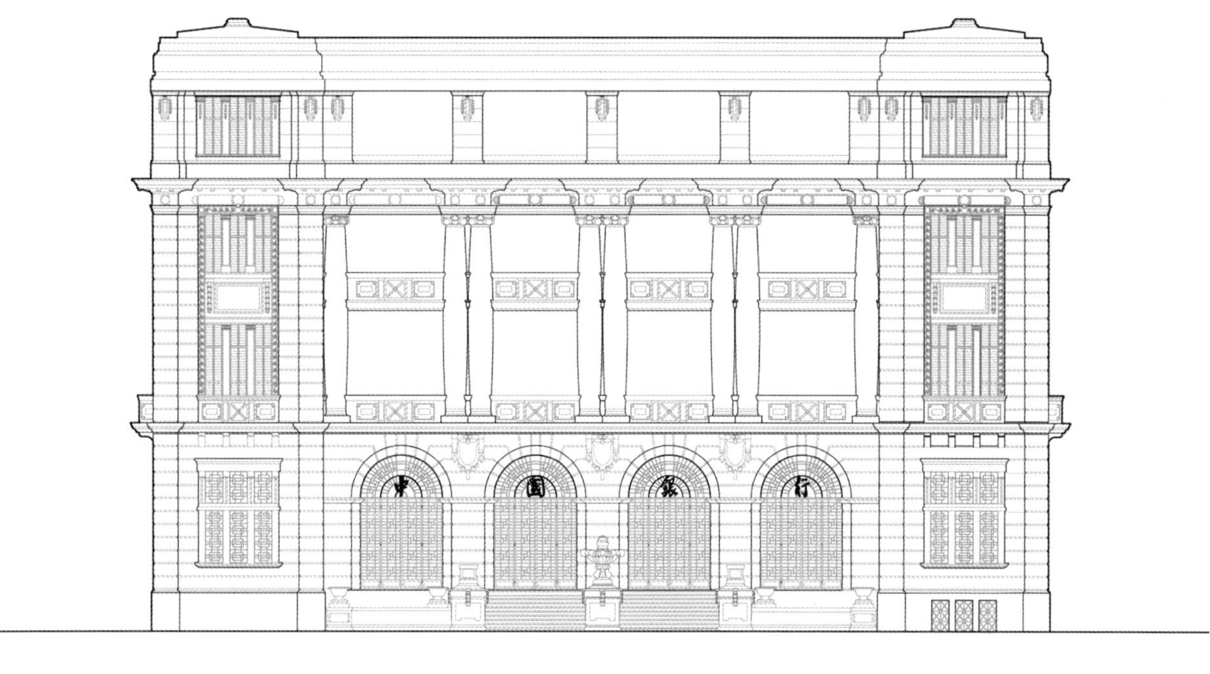

图7–18　正立面图

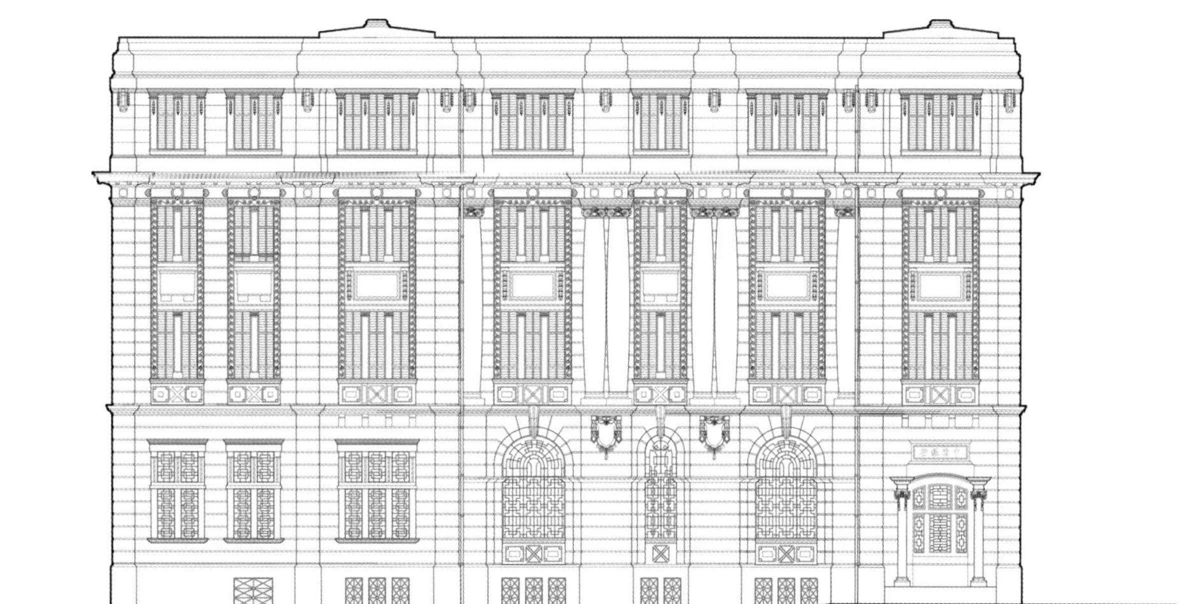

图7–19　侧立面图

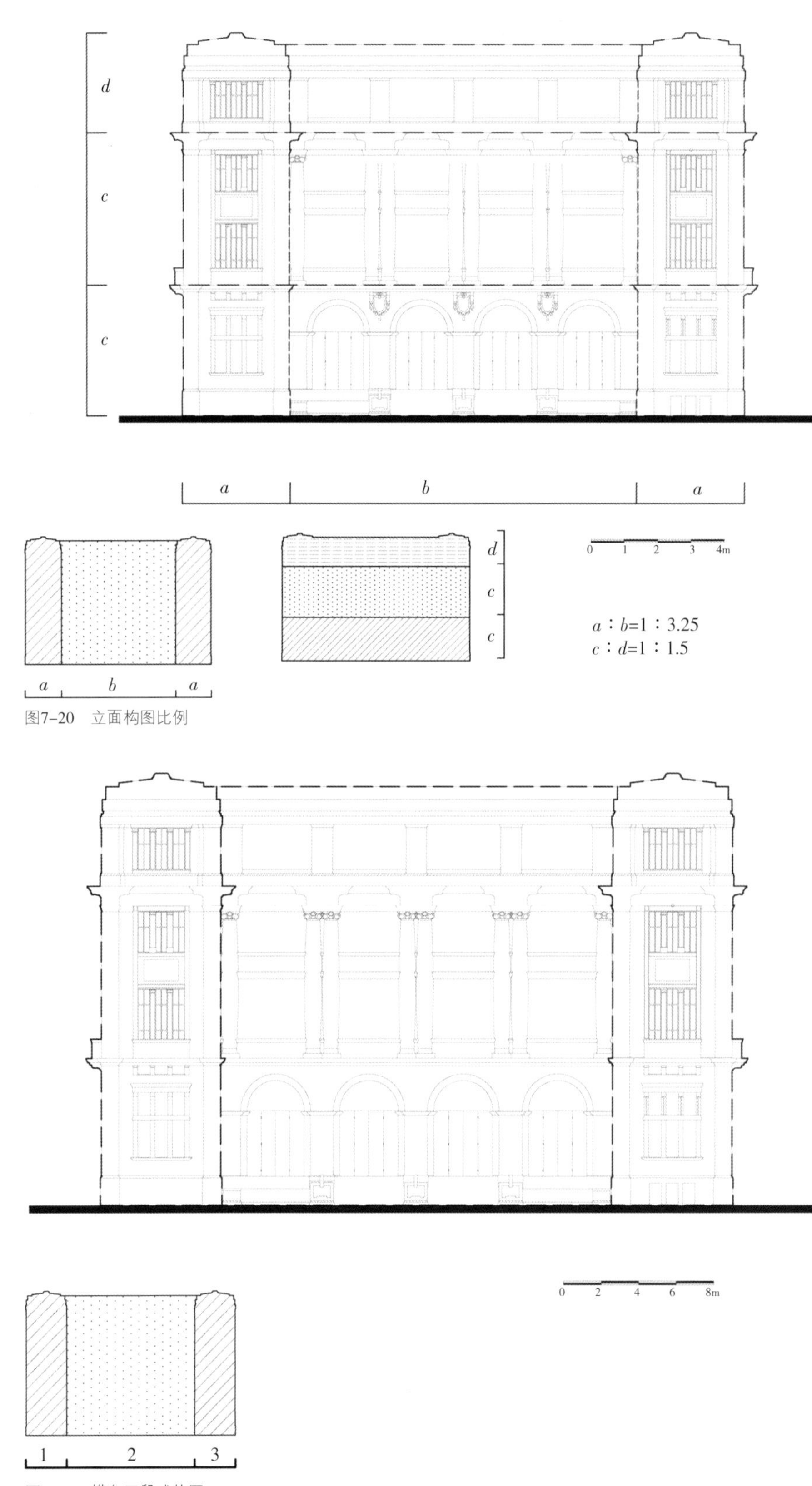

图7-20　立面构图比例

图7-21　横向三段式构图

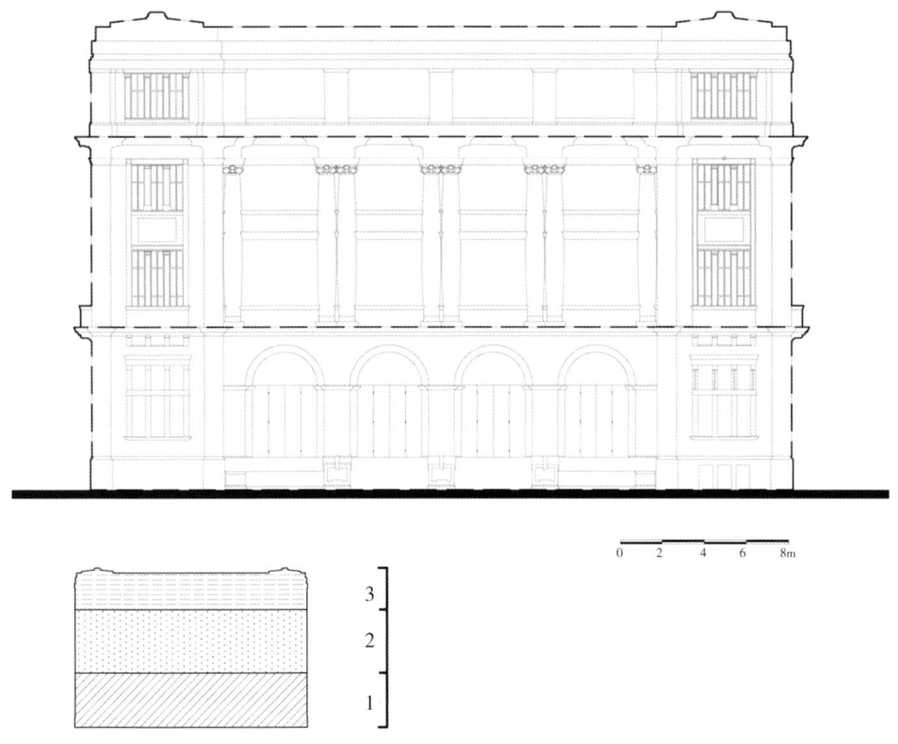

图7-22　纵向三段式构图

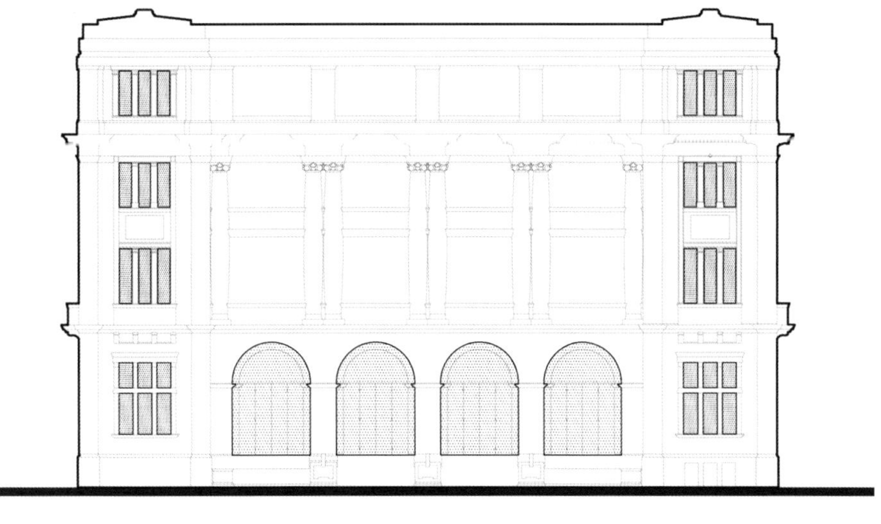

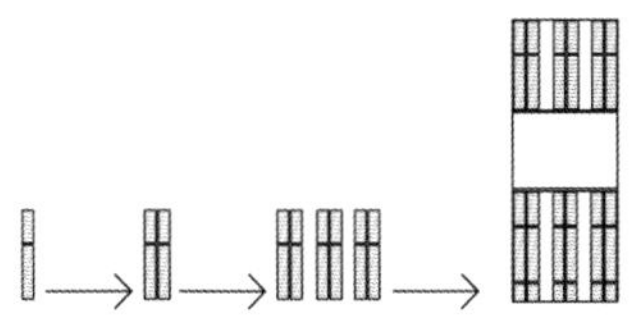

图7-23　重复与变化

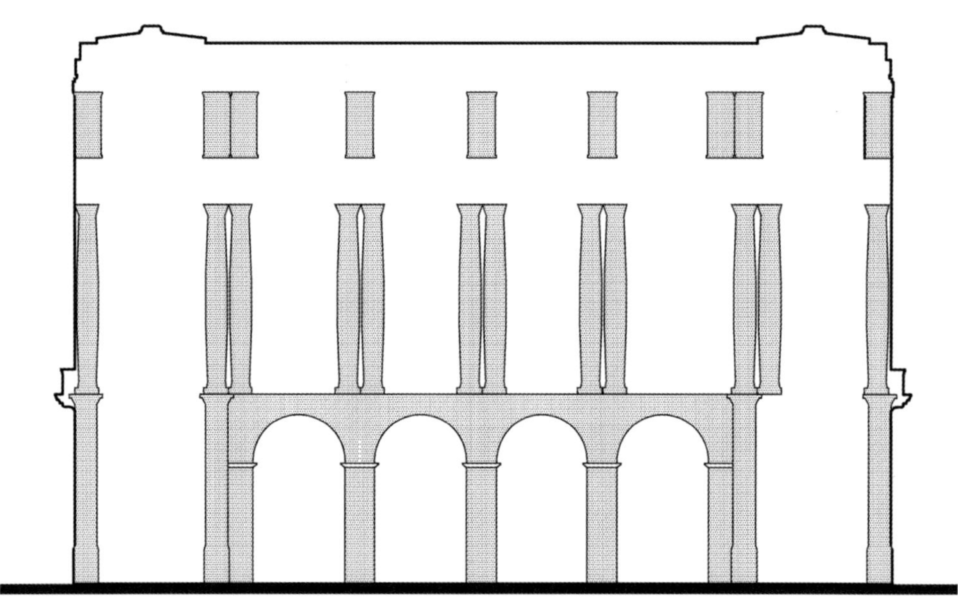

0 2 4 6 8m

图7-24　韵律

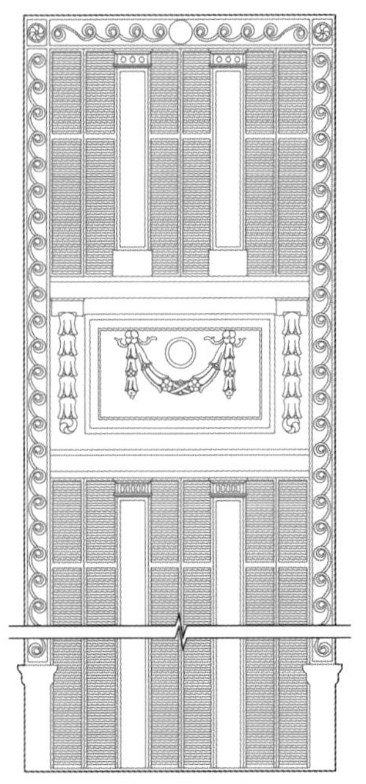

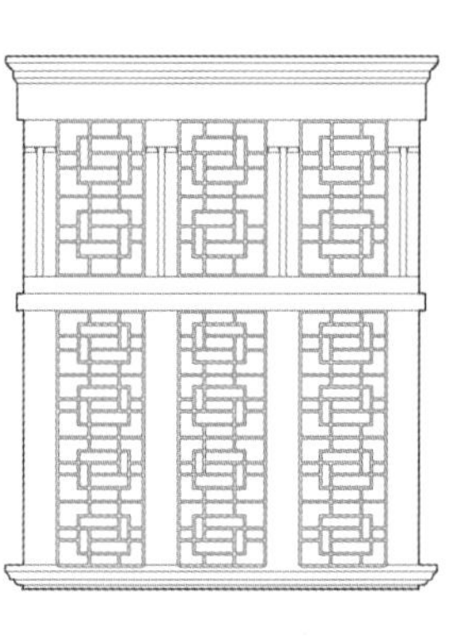

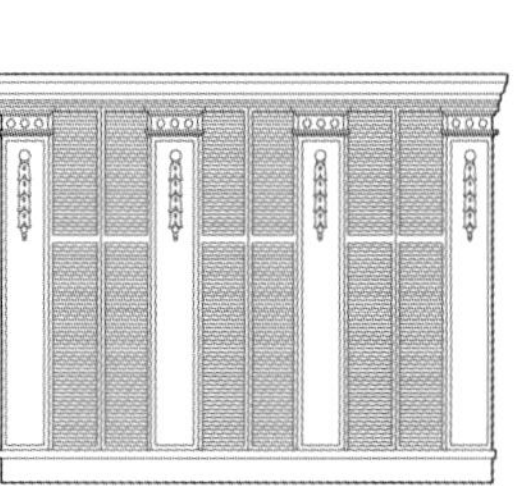

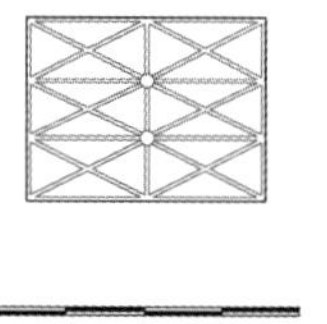

0 1 2 3 4m

图7-25　门窗大样（1）

图7-26　门窗大样（2）

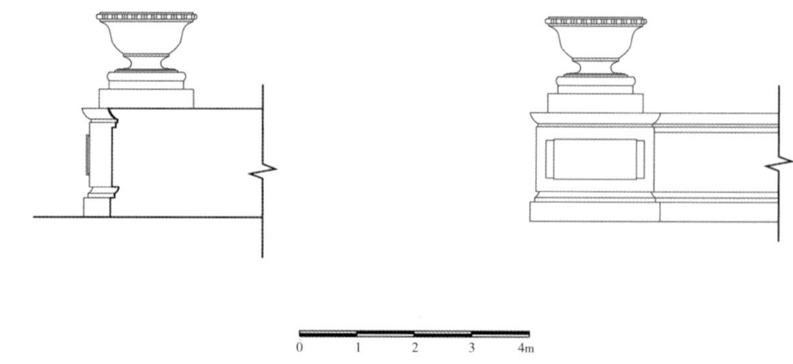

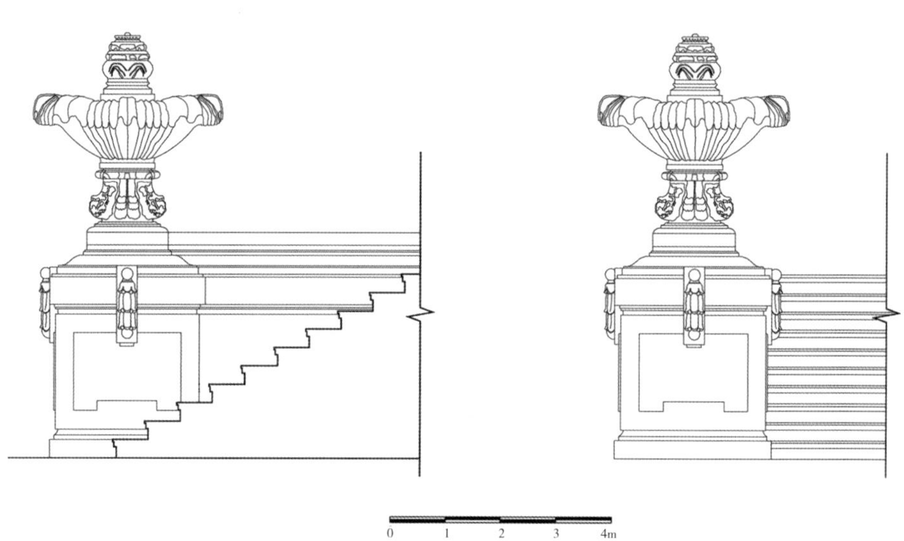

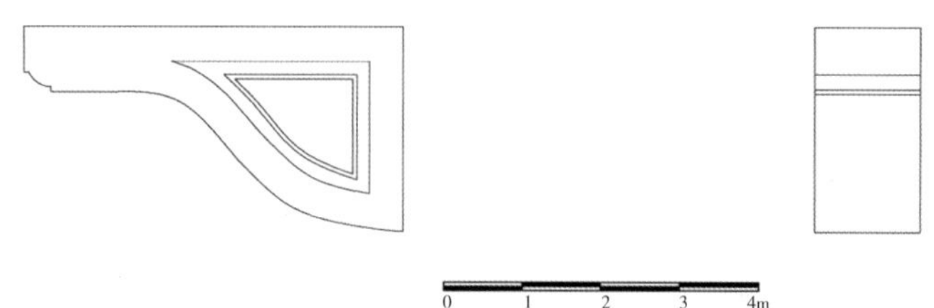

图7-27　细部大样（1）

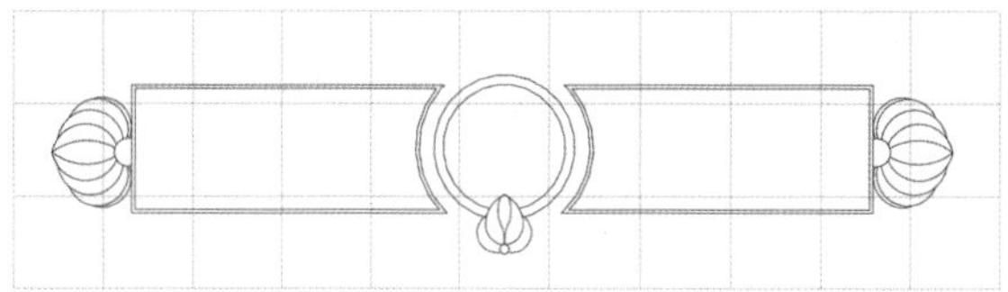

每个格子代表200mm（余同）

图7-28　细部大样（2）

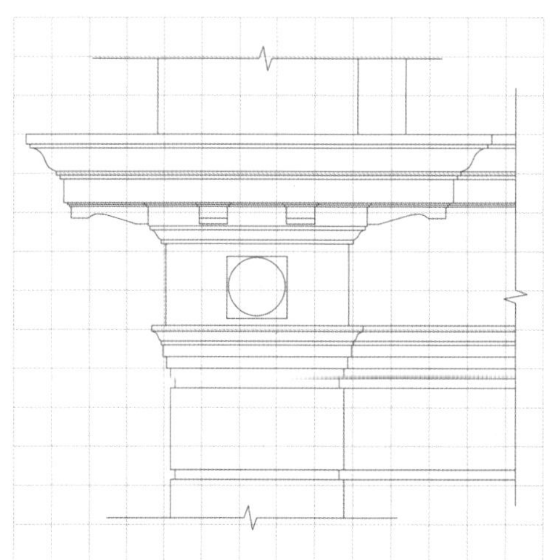

每个格子代表200mm（余同）

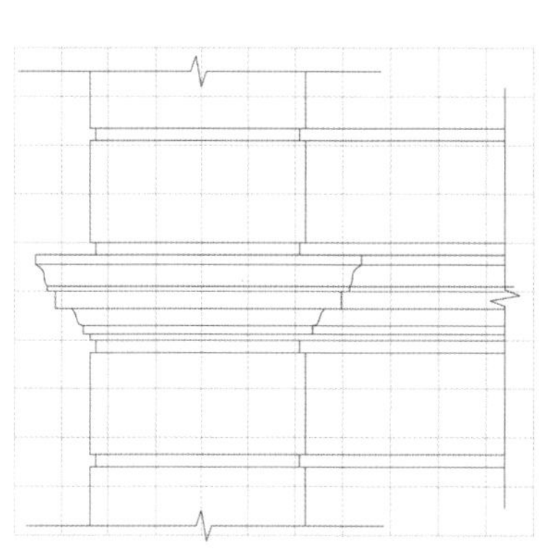

图7-29　细部大样（3）

每个格子代表200mm（余同）

图7-30　细部大样（4）

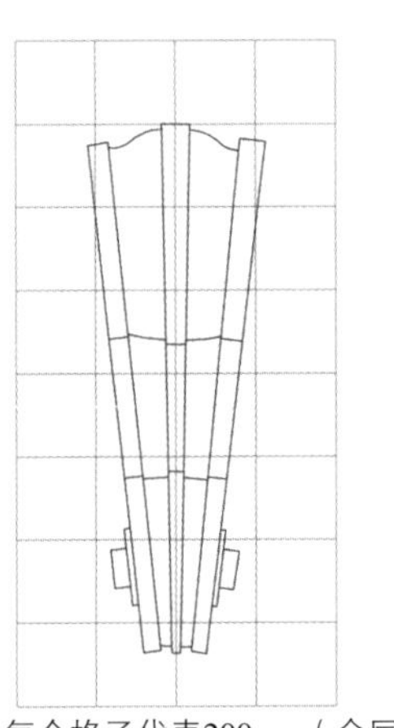

每个格子代表200mm（余同）

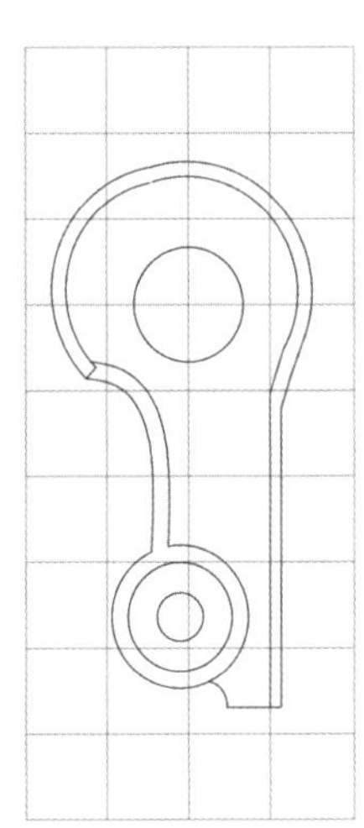

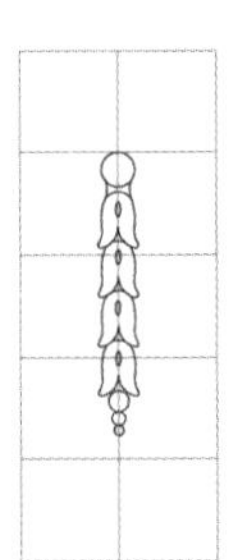

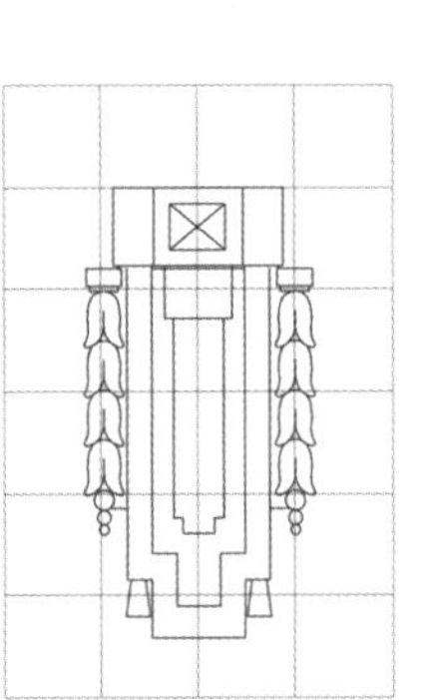

图7-31 细部大样（5）

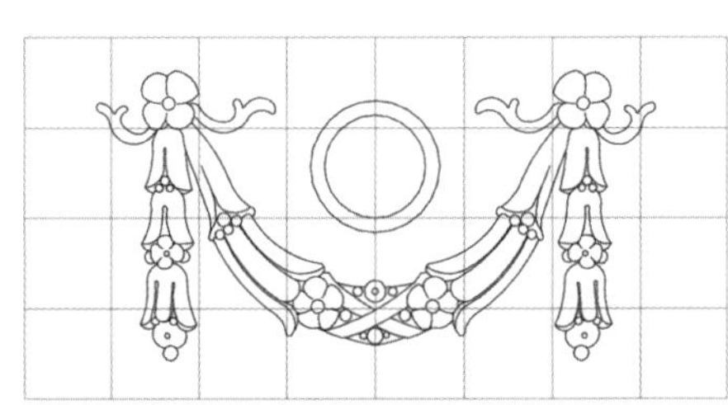

每个格子代表200mm（余同）

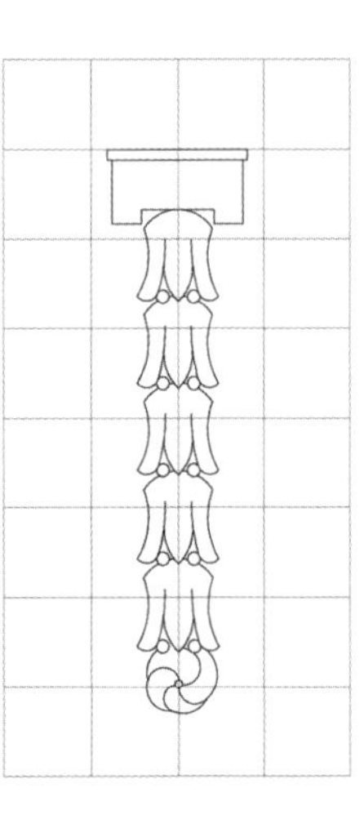

图7-32 细部大样（6）

08
第八章

第八章 汉口盐业银行大楼

汉口盐业银行大楼位于汉口中山大道998号。银行主入口面临中山大道，次入口在北京路。银行大楼由景明洋行设计，汉合顺营造厂施工，后来又交汉协盛营造厂完成。1926年建成，五层钢筋混凝土结构，外墙为花岗石材料，麻石到顶，占地面积2068.66m^2，建筑面积5410m^2。2007年武汉市修建过江隧道，附近一带老房子受到破坏，仅剩下老银行大楼立在原处。大楼现为工商银行江岸区支行办公大楼。

第一节 历史沿革

汉口盐业银行大楼历史沿革

时 间	事 件
1921年9月	盐业银行在上海和金城银行、大陆银行、中南银行合办联合营业所，称为四行储蓄会，这就是后来所称的“北四行”。
1926年	汉口盐业银行大楼建成。
1932年	张镇芳去职后，吴鼎昌又兼任董事长职务。
1937—1945年	抗战期间，大楼被日军强占作营房。上海沦陷期间由代理董事长任凤苞兼盐业银行总经理。
1938年11月	日军华中派遣军司令部强占汉口盐业银行大楼设立指挥所。
1945年	银行复业。
1946年	第20次股东会议改选董、监事会，推举王绍贤为总经理，陈亦侯为协理，任振采为董事长，刘彭阳为常务董事，吴鼎昌、周作民、钱新之、张伯驹等为董事，直至全国解放。
1952年11月	加入私营金融业的全行业公私合营。
1998年	被公布为武汉市文物保护单位。
2008年	被公布为湖北省文物保护单位。

第二节 建筑概览

建筑正立面简洁大气，没有运用过多繁复的装饰，让人们感受到富有现代风格的古典主义建筑风格。正中间的柱廊及左右两边略往后退，形成横向三段式构图，给原本平淡的立面赋予了变化，颇具动感。入口前的走廊由六根巨型柱子支撑，高达两层楼，门楣上刻有简洁的浮雕，门楣的上方有三个八角形玻璃窗，仿造中国传统建筑的漏窗样式。四层是一排方形玻璃窗，窗户上方为屋檐部分，檐上立着一个圆形的石质“徽章”，如今上面刻着的是中国工商银行的标志。整栋建筑与中国古代石牌坊风格相似。

上九级台阶进入门廊，地面由光滑的水磨石铺就，低调而华丽。简朴的入口与高大的柱廊比起来，一个开放一个收敛，形成了强烈的对比，也与室内内空的高敞形成对比。拾阶而上到达了建筑的第二层，这里是营业大厅所在的位置，内空极高，中间不设柱子，玻璃穹顶，采光良好，各个细节都精致华丽。二层以上楼层为办公用房。

整个建筑竖向线条十分显著，外形威严稳重，极具气势。高大立柱与窗相互呼应，形成强烈的明暗效果，使建筑虚实对比强烈，具有视觉美感。窗口仅有线条装饰线，简洁明快。柱子端部雕饰精美，大楼外围的栏杆造型都仔细斟酌。建筑饰面铺砖严丝合缝，整座建筑采用灰色，显得低调严谨，内敛中不失豪华气派。绿树掩映之下古典风格被散发尽致，丝毫不减雄伟气势。

该建筑于2008年被公布为湖北省第五批省级文物保护单位之一，保护等级为一级，是重大历史事件见证物，具有较高建筑艺术价值。

汉口盐业银行大楼照片详见图8-1至图8-6所示。

图8-1　汉口盐业银行大楼透视实景图

图8-2　正立面实景图

图8-3　建筑实景图（1）

图8-4　建筑实景图（2）

图8-5　建筑实景图（3）

图8-6　石质栏杆

第三节　技术图则

依据建筑实测图纸，部分辅以三维建模，用技术图则方式解析汉口盐业银行大楼的环境布局、平面布置、功能流线、围护结构、采光及通风等规划建筑诸元素。汉口盐业银行大楼技术图则详见图8-7至图8-19所示。

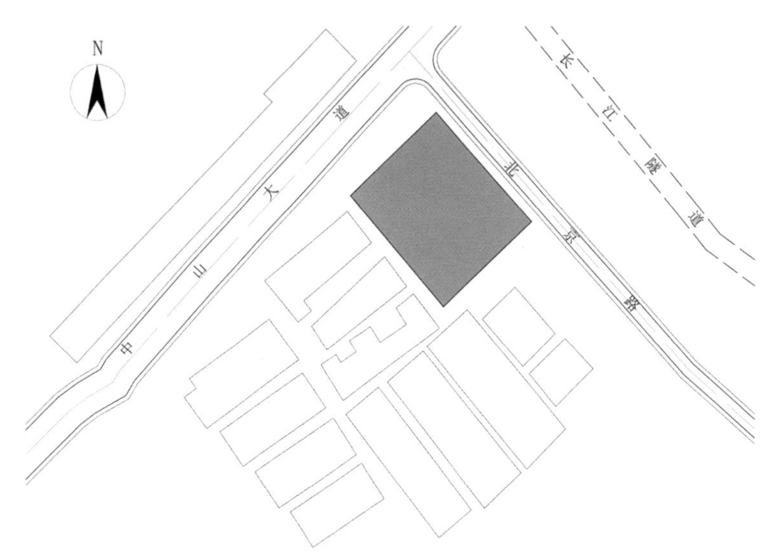

图8-7　街道关系

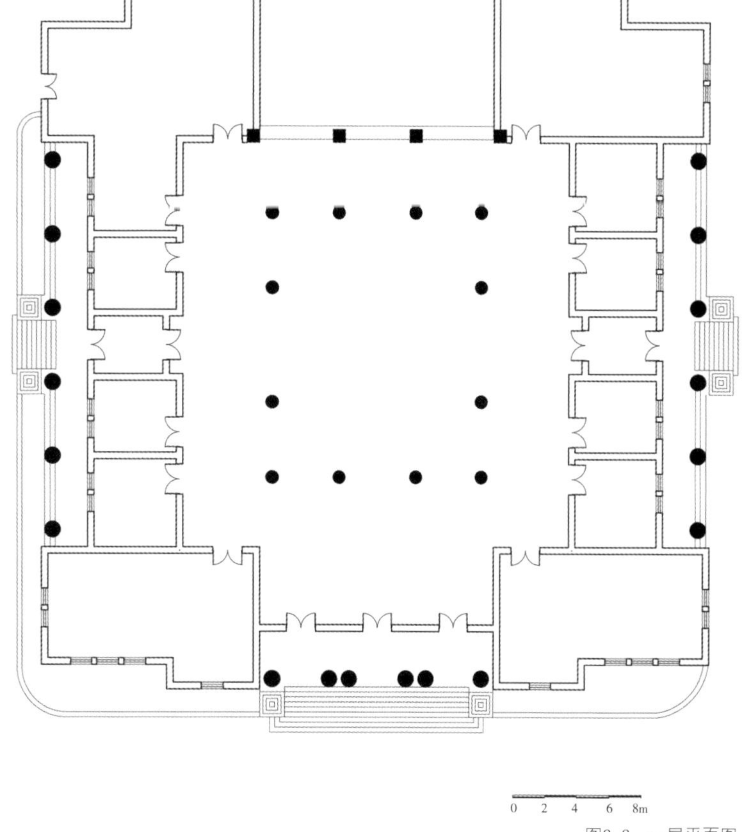

图8-8　一层平面图

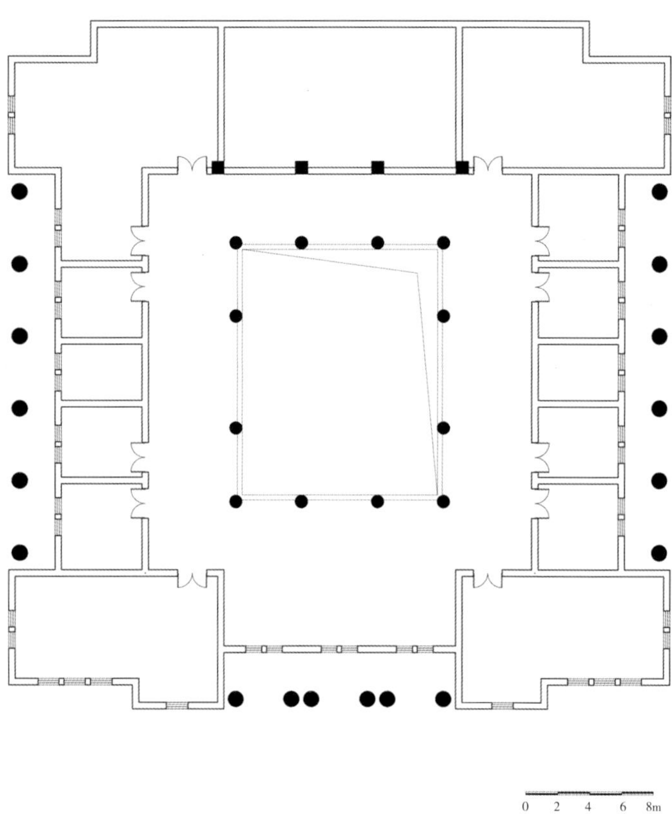

图8-9　二层平面图

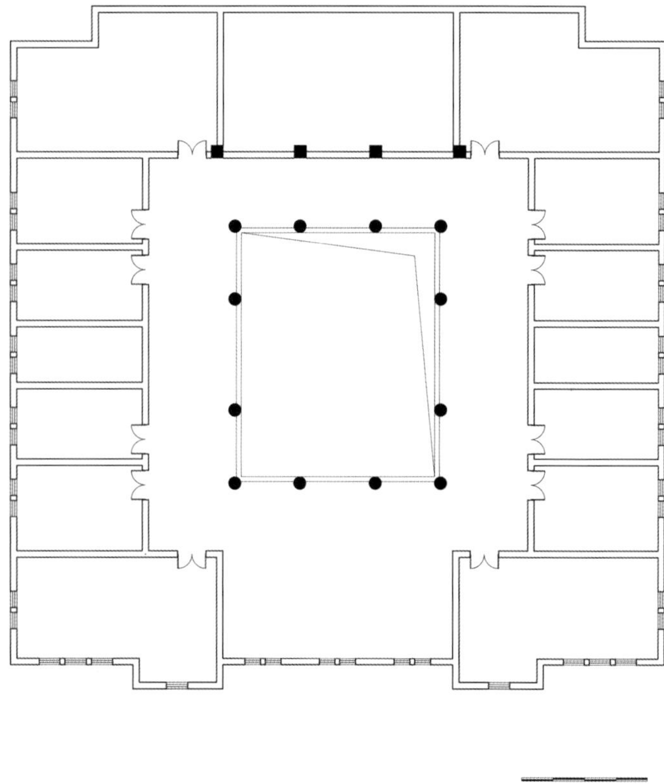

图8-10　三层平面图

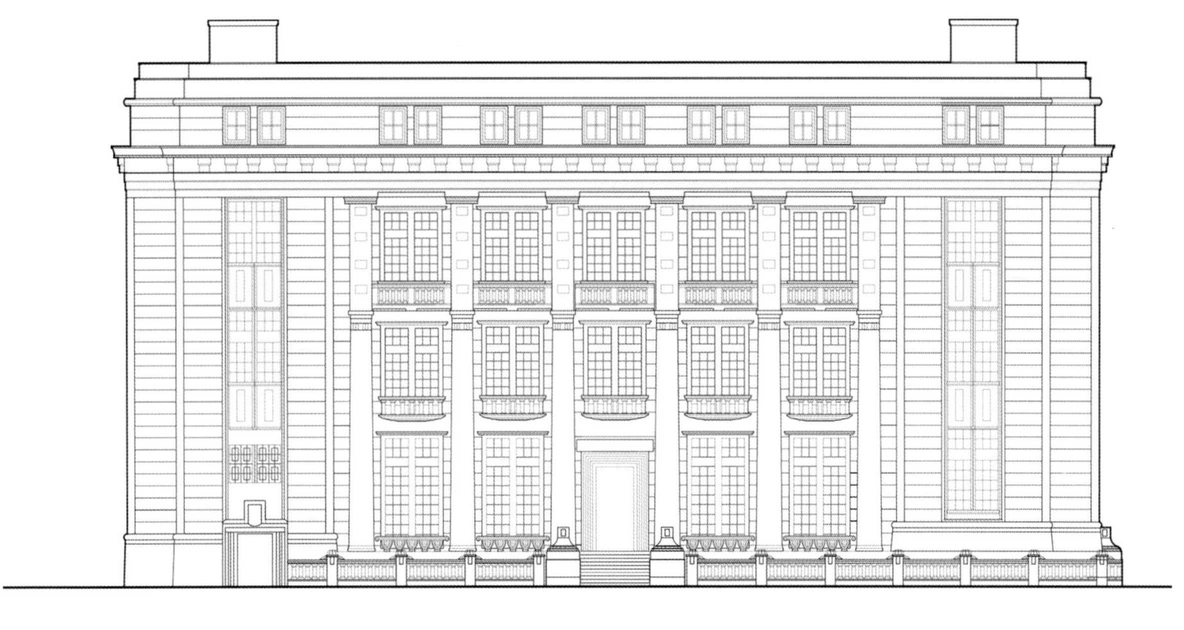

图8-11　东北立面图（临北京路一侧）

图8-12　西北立面图（临中山大道一侧）

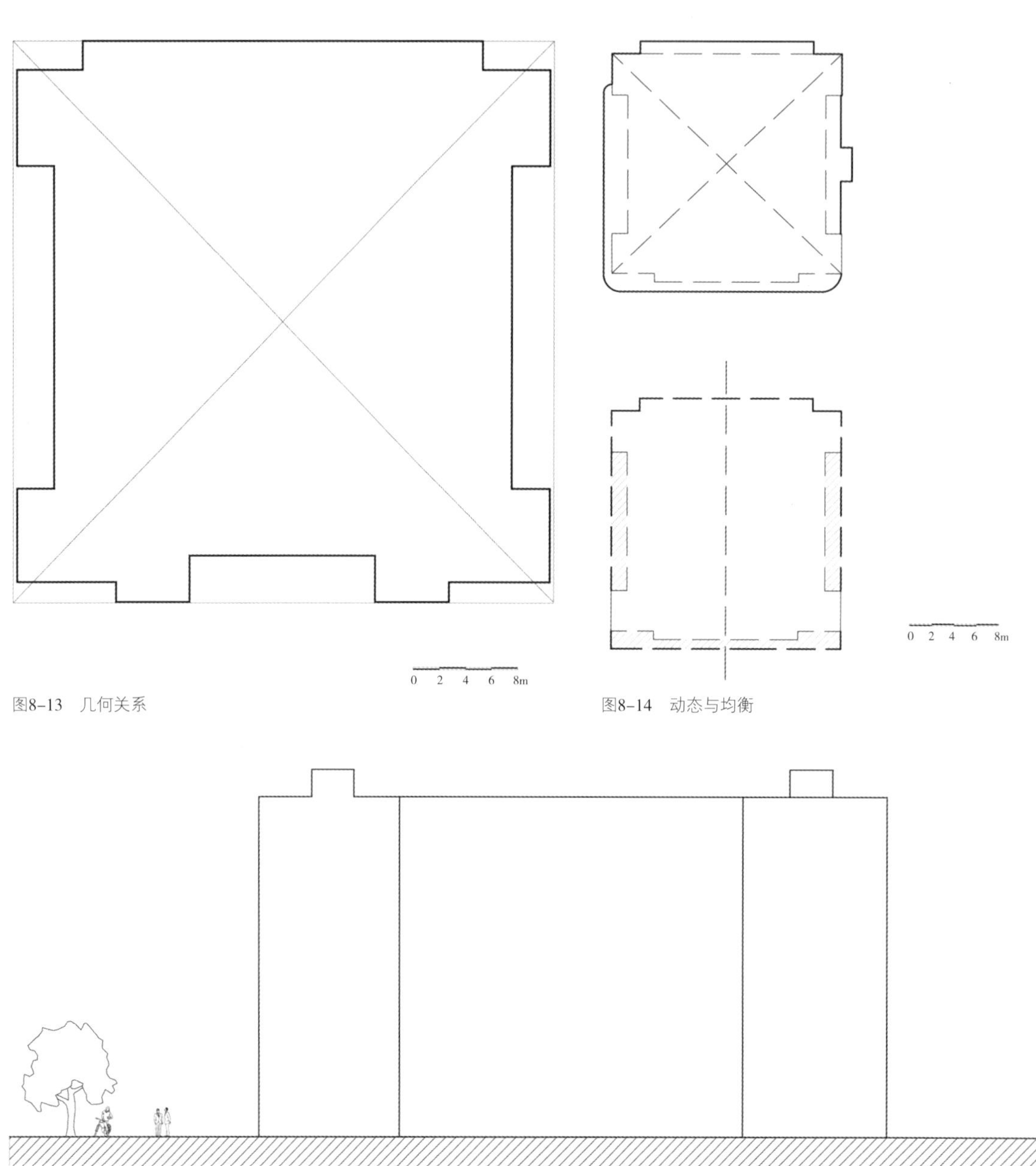

图8-13 几何关系

图8-14 动态与均衡

图8-15 体量

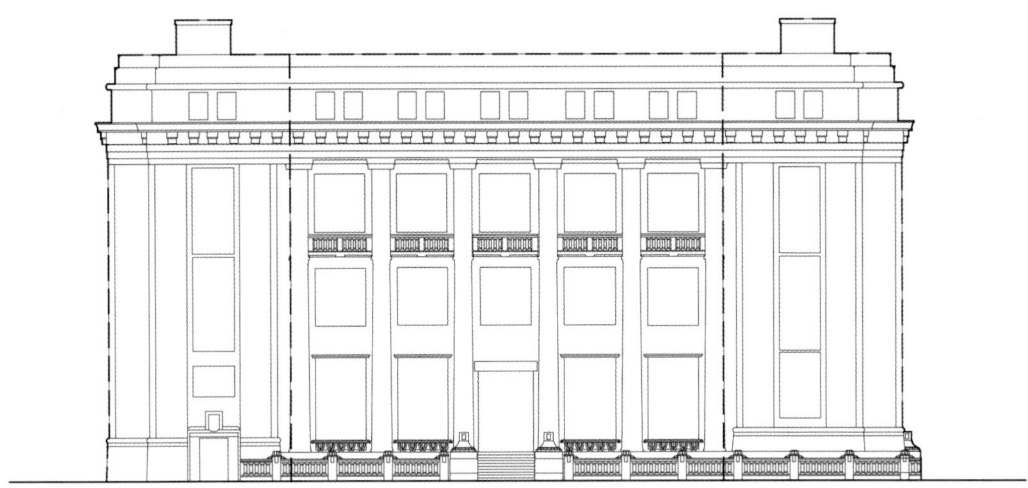

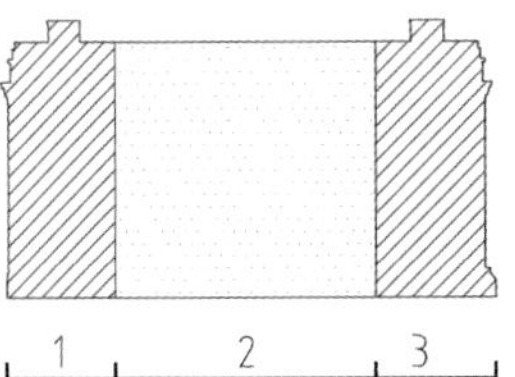

图8-16　横向三段式构图

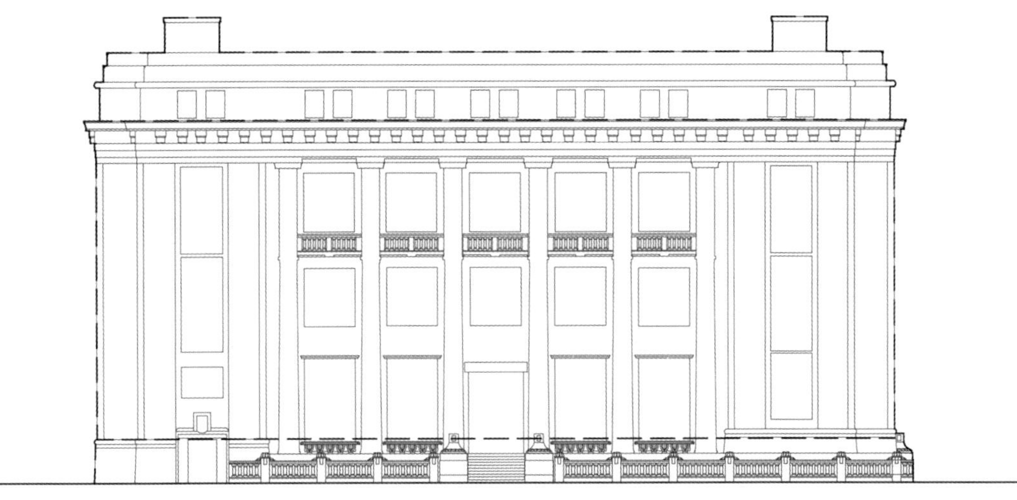

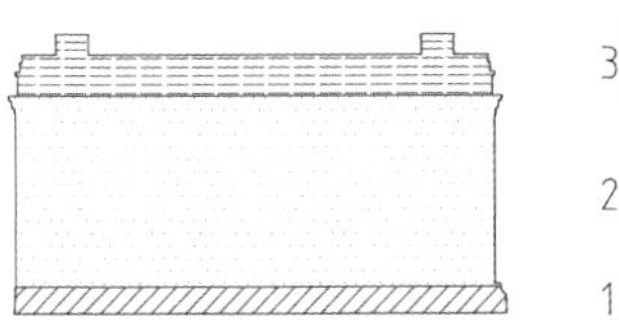

图8-17　纵向三段式构图

图8-18　韵律

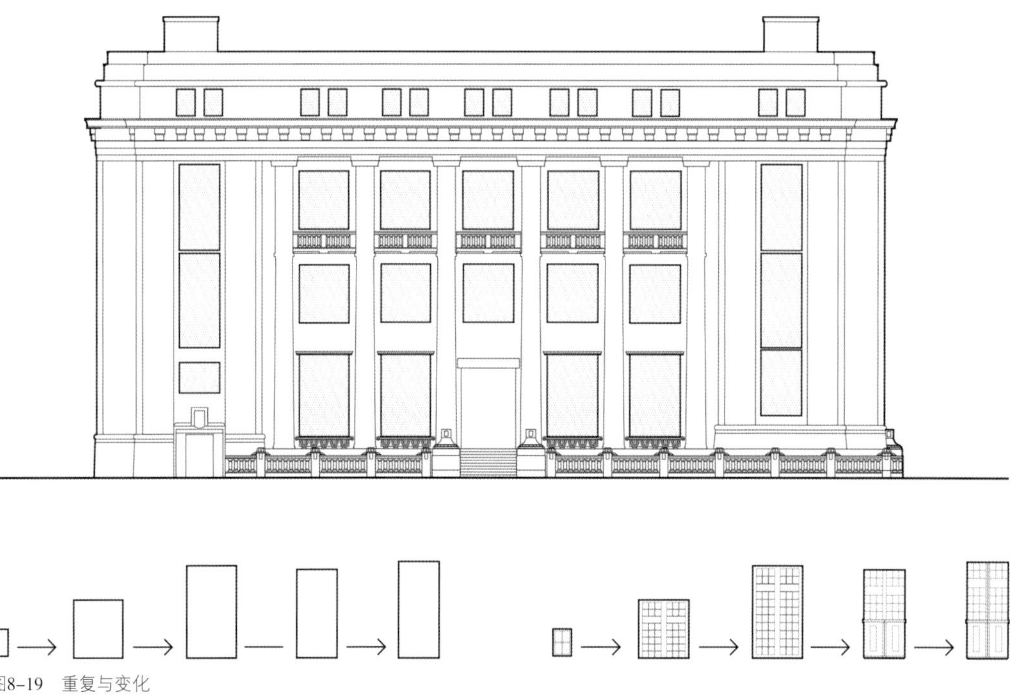

图8-19　重复与变化

09
第九章

第九章 汉口金城银行旧址

汉口金城银行旧址位于中山大道1209号，由庄俊设计，景明洋行绘出建筑图纸，而后由汉协盛营造厂施工，这也是庄俊在汉口设计的第一所房子。1930年动工，1931年建成，银行大楼为钢筋混凝土结构，部分砖混结构，建筑面积2198.68m^2，房屋9栋，前面平房12间，连同银行住宅金城里，建筑费用共28万余元。这里曾先后作为驻汉日军占领军总司令部、武汉图书馆、武汉少年儿童图书馆，现在这里被改造成了武汉美术馆。2008年12月，新武汉美术馆正式开馆，入口处的灰白门楣上还刻着“金城银行”四个大字，显示出老建筑独有的沧桑感。

第一节 历史沿革

汉口金城银行旧址历史沿革

时 间	事 件
1917年5月	银行家周作民创办金城银行，金城银行是中国著名“北四行”（金城银行、盐业银行、中南银行、大陆银行）之一。总部设在北京，总行设在天津。北京、青岛、上海、汉口都设有分行。
1927年	建成上海金城银行大楼，由中国建筑师庄俊设计。
1928年	金城银行汉口分行筹建，依然邀请庄俊担纲大楼的设计师，由景明洋行绘出建筑图纸，而后由汉协盛营造厂施工。
1931年	金城银行汉口分行建成。 图9-1 金城银行老照片（图片来源《大武汉旧影》）
1936年	总行迁到上海，周作民任总董兼总经理，当年银行存款总额为全国私营银行之冠。
1938年10月	日寇占领武汉，大楼被日军占用作为司令部。
1944年12月	美军飞机轰炸武汉，金城里9号住宅三楼被燃烧弹焚毁，所幸大楼没有受到损伤。
1945年	抗战胜利，金城银行收回大楼。
1949年5月	武汉解放前夕，金城银行大楼曾作为张难先、李书城领导的武汉市民临时救济委员会的活动地点。
1952年	金城银行最终关闭，汉口金城银行大楼被转给（出租）武汉图书馆。
1957年	正式设立武汉少年儿童图书馆。
1993年7月	汉口金城银行大楼被武汉市人民政府公布为优秀历史建筑。
2003年	少儿图书馆迁出。
2008年	汉口金城银行大楼以及金城里建筑群改建为武汉美术馆。

第二节　建筑概览

金城银行大楼的建筑风格为希腊古典主义，建筑素雅庄重，华丽精致，主立面气势宏伟，正面的七间八柱，采用了西方古典的廊柱样式。坚固的方形柱墩托举着八根改良式罗马大柱，柱身挺拔有力，撑起三层楼高的柱廊，二层还开有圆形拱窗。墙面铺设花岗石，装饰有竖形线条，廊檐之上是巨大的山花。柱廊的下部空间，仰头可见凸出的圆盘雕花头。

图9-2　汉口金城银行正立面实景图

主入口的拱券大门高达二层，门楣上部凸出石质雕花檐额。入口两旁是与大门形制相仿的拱券窗，左右各三扇，构图严谨。推开主入口巨大厚重的深棕色的木质门，由眼前的21级石头台阶拾级而上，便可进入位于二层的主营业大厅。

图9-3　汉口金城银行透视实景图（1）

金城银行旁的金城里原为金城银行高级职员公寓区，单元式里分，三层砖混结构，共9个单元。底层层高为4.5m，作为骑楼形式的商铺，二、三层敞廊为宿舍，层高3m左右，一梯两户，每户二室一厅。住宅与金城银行直接相连，共同围合成院，形成一块私密的居住空间。它的平面布置完全采用了西式住宅样式，强调空间的功能性，餐厅与客厅分开，在当时属于新型的生活空间。

在金城银行的改造当中，保留了金城银行大楼和金城里的主立面外墙和沿中山大道、保华街两侧房屋的外墙，拆除所有内部结构，根据美术馆的功能和设施的要求，重新设计为中庭环廊式格局。它成为武汉市重要的文化设施之一，这也是国内第一个将近代居住类建筑改造为市级美术馆的案例。

图9-4　汉口金城银行透视实景图（2）

汉口金城银行照片详见图9-2至图9-20所示。

图9-5　汉口金城银行透视实景图（3）

图9-6　侧立面实景图

图9-7　建筑街景图

图9-8　建筑局部实景图（1）

图9-9　建筑局部实景图（2）

图9-10　建筑局部实景图（3）

图9-11　建筑局部实景图（4）

图9-12　建筑局部实景图（5）

图9-13　建筑局部实景图（6）

图9-14　柱廊光影

图9-15　正立面入口

图9-16　正立面入口台阶

图9-17　窗户（1）

图9-18　窗户（2）

图9-19　壁柱浮雕

图9-20　建筑细部

第三节　技术图则

依据建筑实测图纸，部分辅以三维建模，用技术图例方式解析汉口金城银行的环境布局、平面布置、功能流线、围护结构、采光及通风等规划建筑诸元素。汉口金城银行技术图则详见图9-21至图9-26所示。

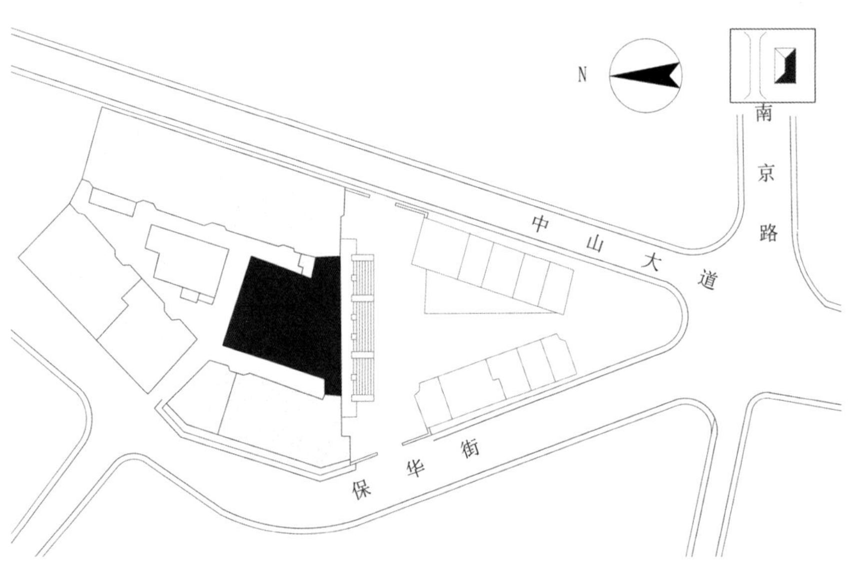

图9-21　街道关系

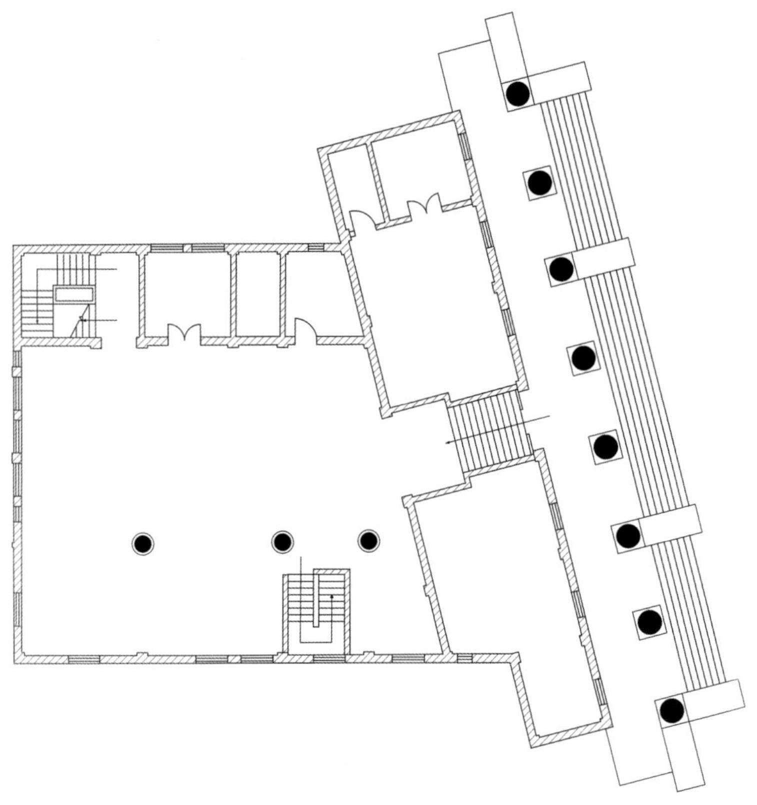

图9-22　平面图

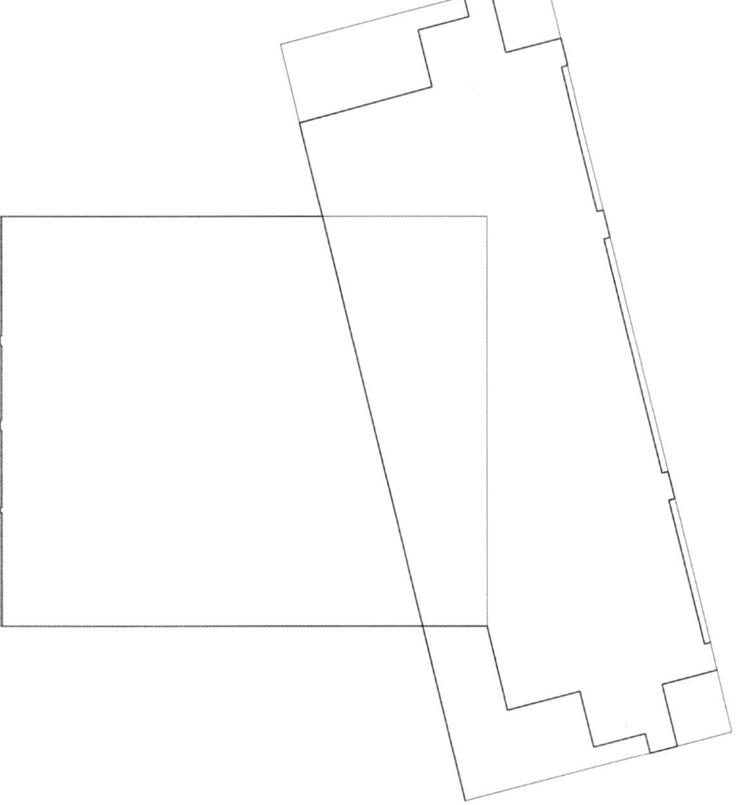

图9-23　几何关系

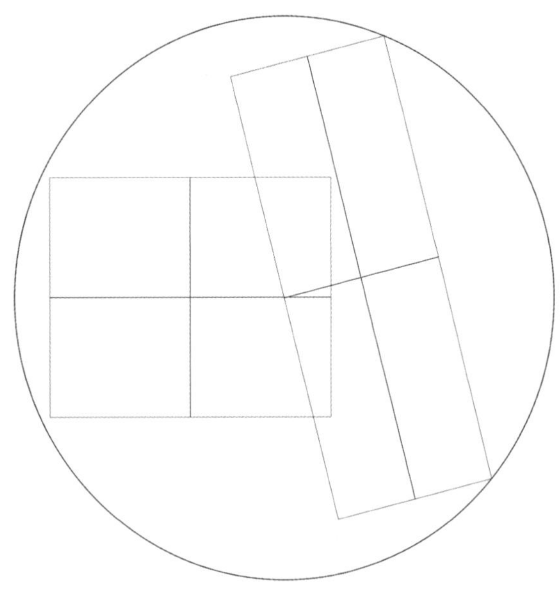

图9-24　动态与均衡

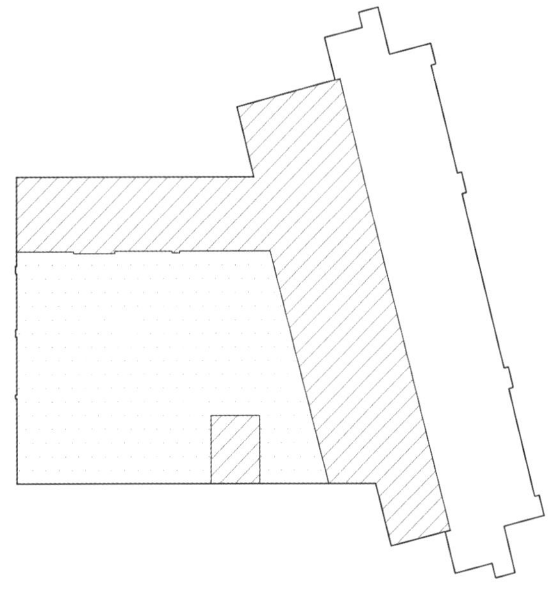

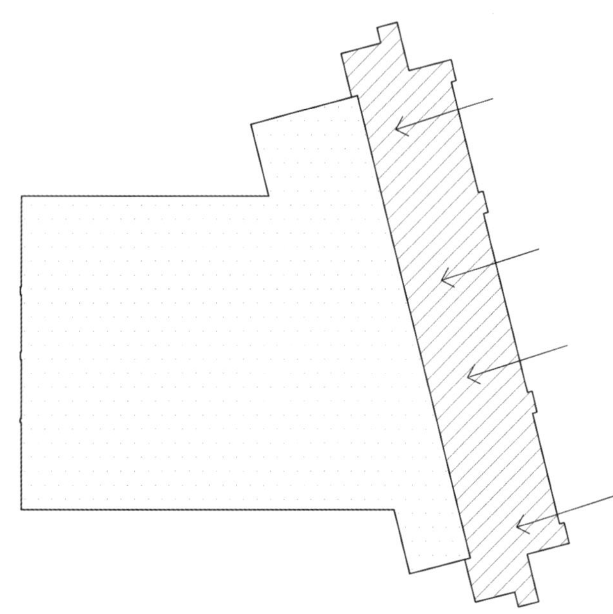

私密空间
公共空间
室内
灰空间

图9-25　公共与私密

图9-26　建筑灰空间

10
第十章

第十章 浙江实业银行汉口分行旧址

浙江实业银行汉口分行旧址位于武汉市中山大道910号，1926年建成，由浙江实业银行投资建造，景明洋行设计，汉协盛营造厂承建。建筑占地718.78m²，建筑面积4019m²，钢筋混凝土结构，地上五层，地下一层。汉口中山大道上的这一家浙江实业银行之前一直被人们称为“浙江大楼”，后来因为浙江实业银行更名为浙江第一银行，这座大楼也被改称为“浙一大楼”，现属武汉轻工业集团公司。

第一节 历史沿革

浙江实业银行汉口分行旧址历史沿革

时 间	事 件
1908—1909年	清政府在浙江设立官钱局，之后改组为浙江银行，代理省库，总行设在杭州，次年分行在上海开设。
1911年	辛亥革命的爆发，导致银行蒙受营业亏损。
1912年	改称为中华民国浙江银行。
1926年	浙江实业银行汉口分行建成

第二节 建筑概览

大楼为古典主义风格建筑，建筑基座为粗糙的花岗石材料，建筑主体为仿花岗石贴面，主入口采用白色麻石，强调入口空间。立面构图为典型三段式，中部为有石刻雕花基座的六根爱奥尼柱支撑的门廊，柱子排列形成三开间。柱子上方是小檐口装饰，十分精巧。建筑四层楼原为红坡屋顶，地下一层，1930年屋顶因火灾被毁，景明洋行重新设计，将原建筑的檐口处理成腰线，增建一层，两侧添加了椭圆形穹窿，变成了现在的八角塔楼样式。20世纪80年代，大楼底层出租给一家影楼使用，原有的基础建筑和建筑外部仍保持不变。

该建筑于1993年成为武汉市首批公布的102处优秀历史建筑之一。如今作为某影楼门面，建筑悠久的历史与独特的韵味为摄影商家形象增色不少，相得益彰。

浙江实业银行汉口分行旧址照片详见图10–1至图10–9所示。

图10–1　浙江实业银行汉口分行旧址透视实景图

图10–2　正立面局部实景图

图10–3　侧立面实景图

图10-4　建筑局部实景图

图10-5　入口大门（1）

图10-6　入口大门（2）

图10-7　建筑细部

图10-8　双柱

图10-9　椭圆形穹窿

第三节　技术图则

依据建筑实测图纸，部分辅以三维建模，用技术图则方式解析浙江实业银行汉口分行建筑的环境布局、平面布置、功能流线、围护结构、采光及通风等规划建筑诸元素。浙江实业银行技术图则详见图10-10至图10-26所示。

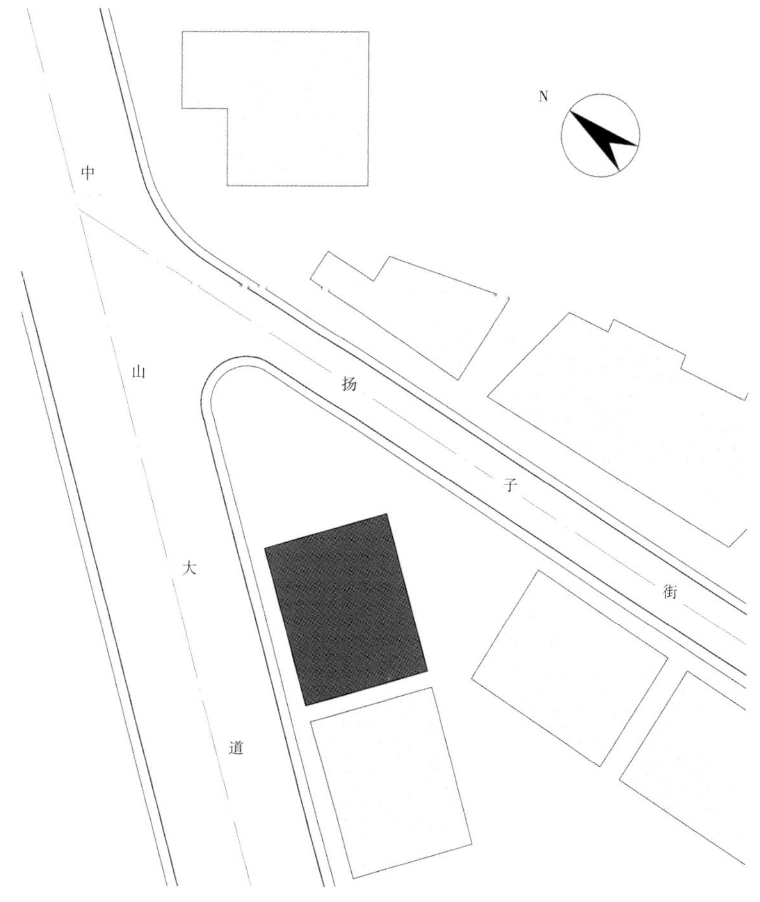

图10-10　街道关系

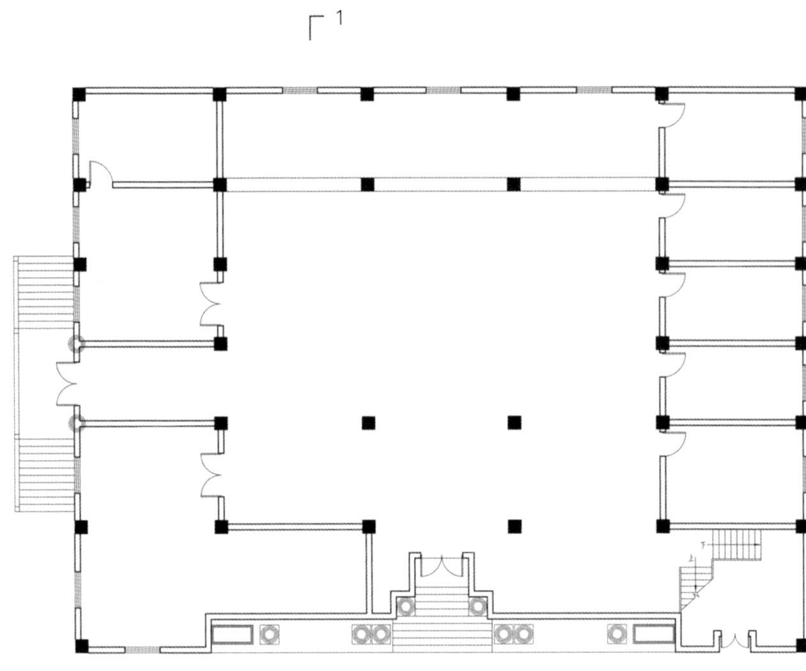

图10-11　一层平面图

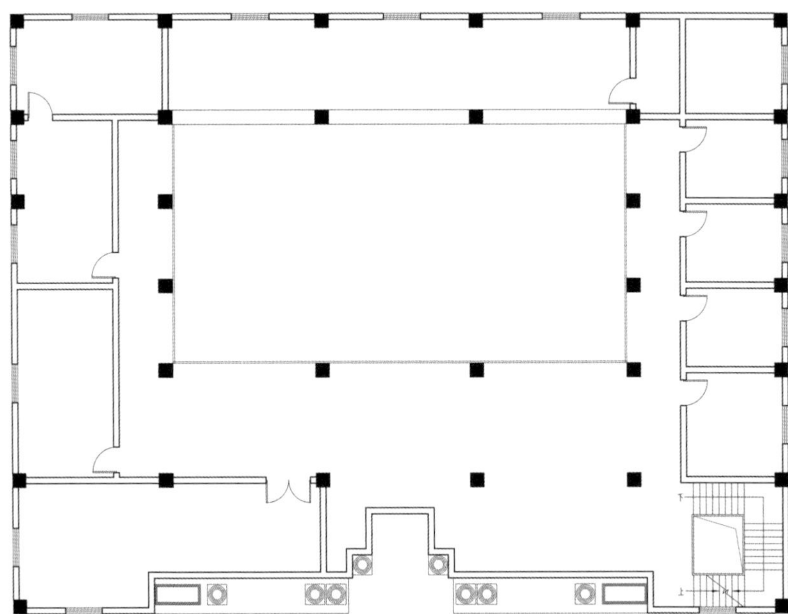

图10-12　二层平面图

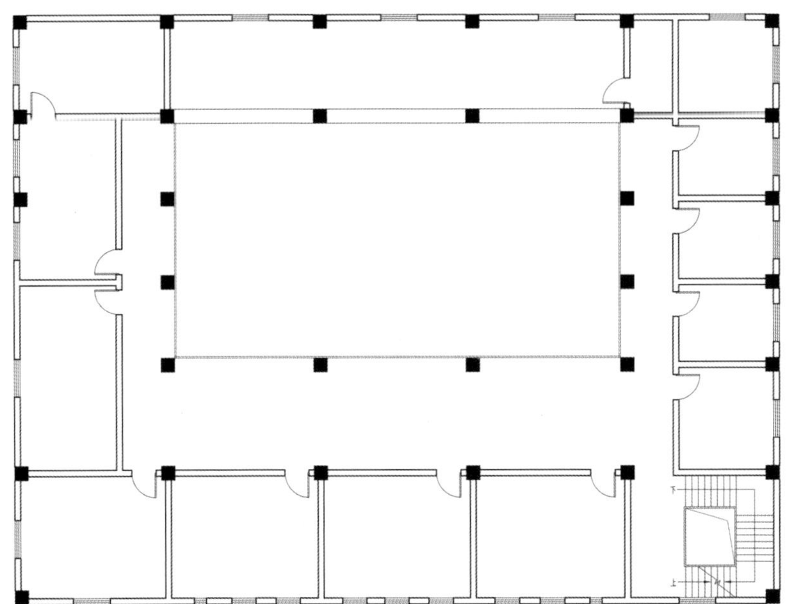

图10-13　三~五层平面图

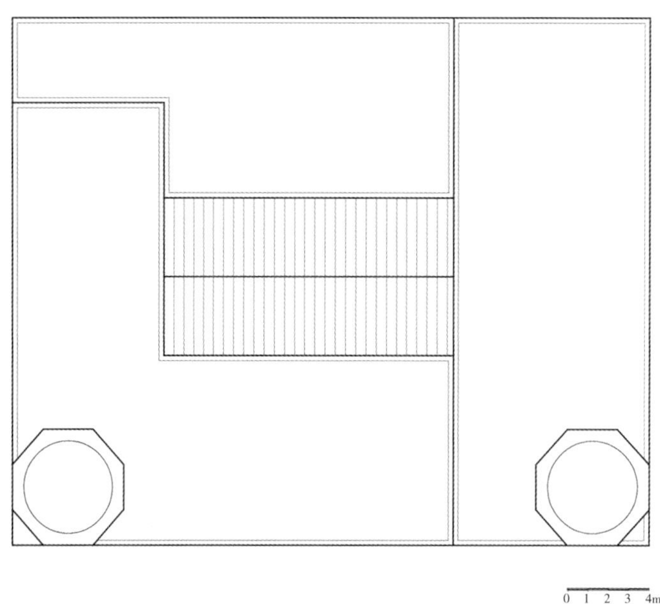

图10-14 屋面平面图

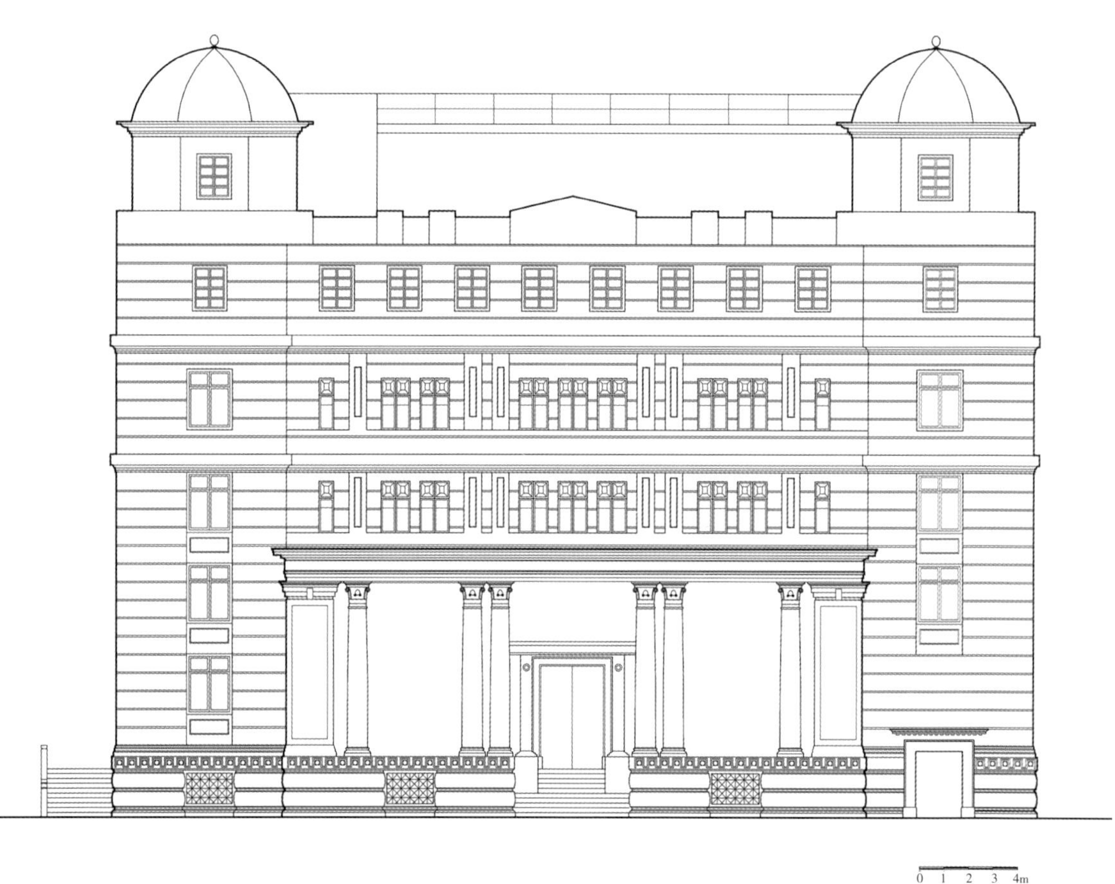

图10-15 正立面图

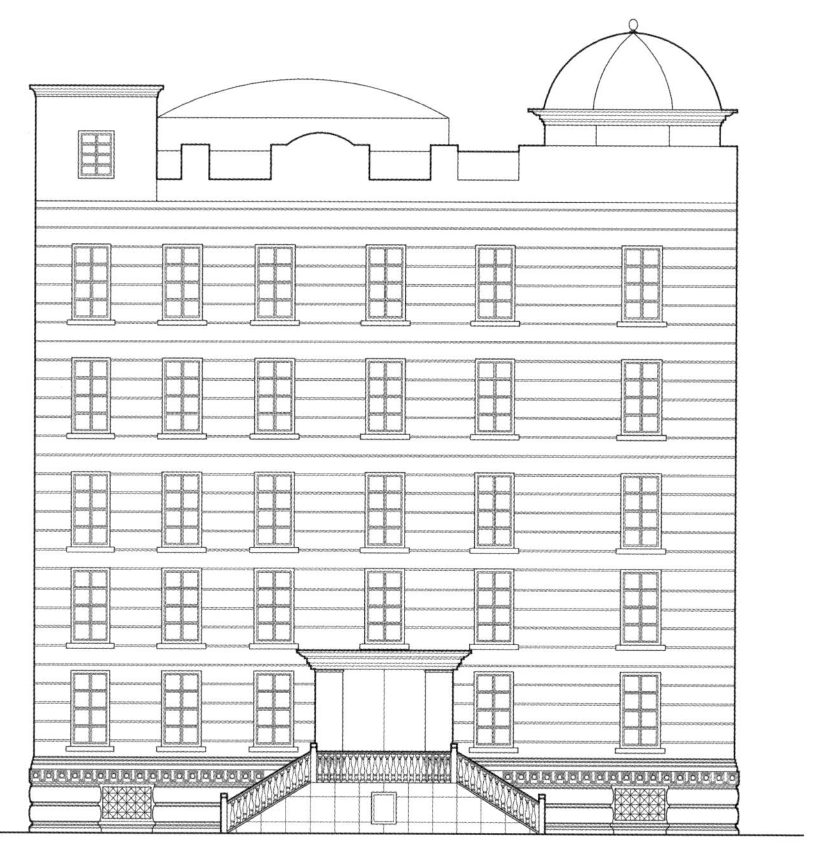

图10-16　侧立面图

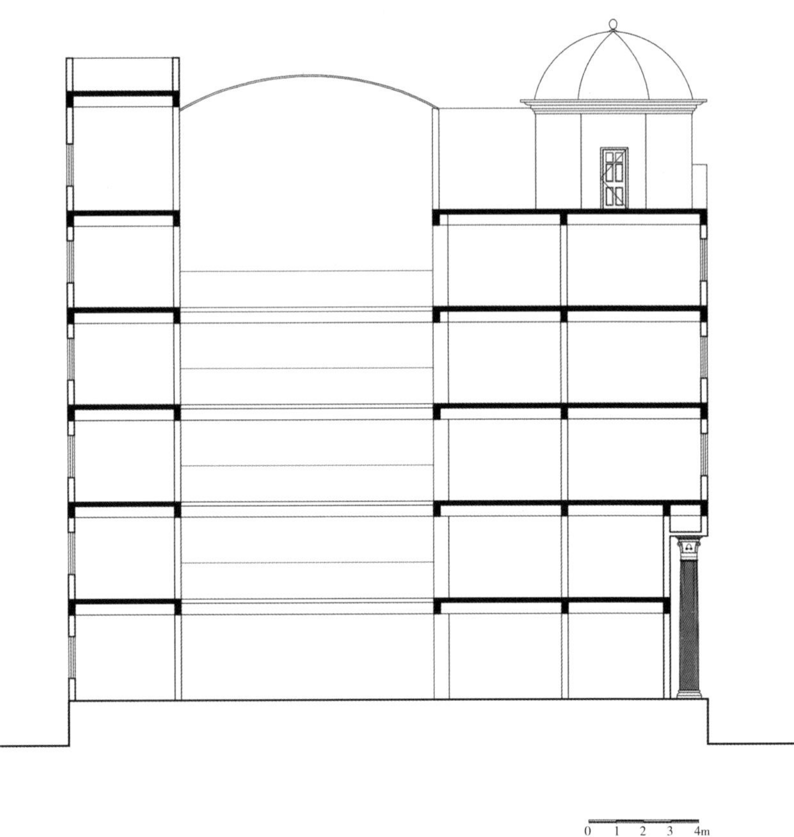

图10-17　1-1剖面图

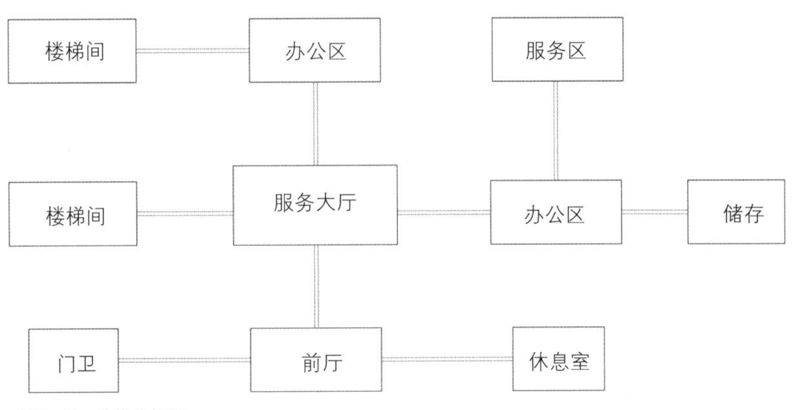

图10-18　功能分析图

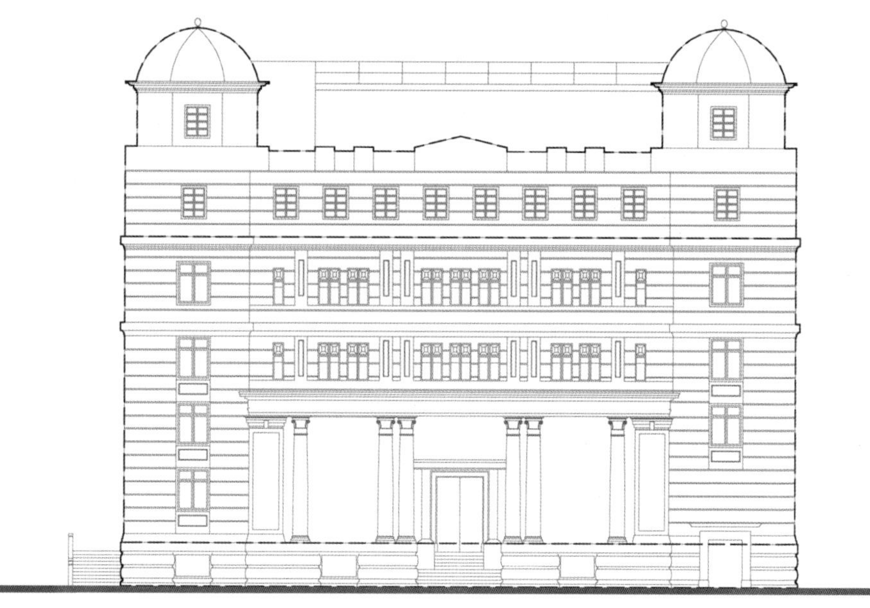

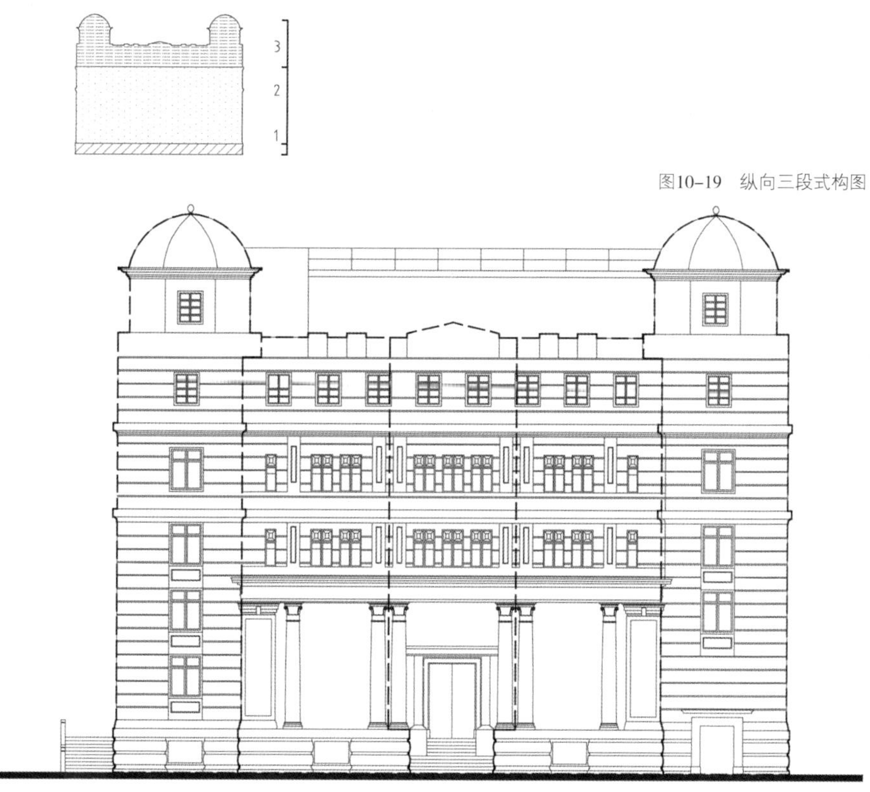

图10–19　纵向三段式构图

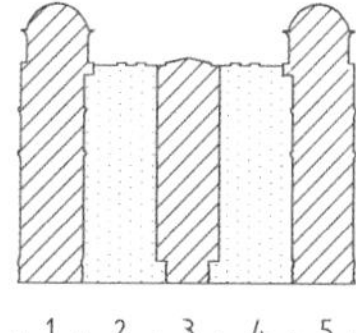

图10–20　横向五段式构图

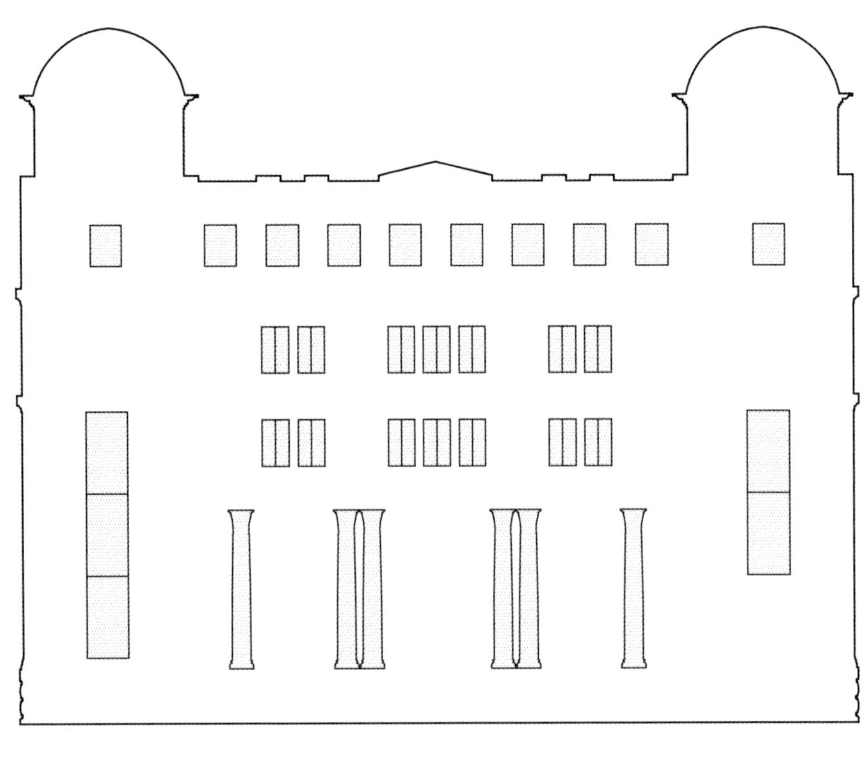

图10-21　韵律

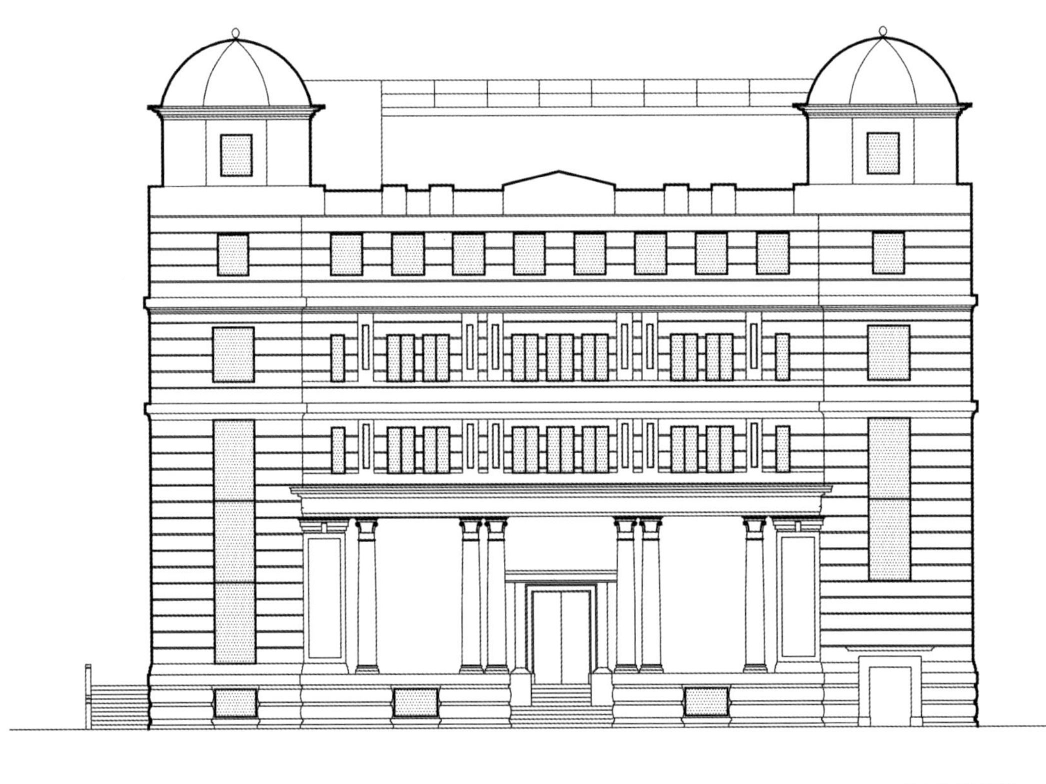

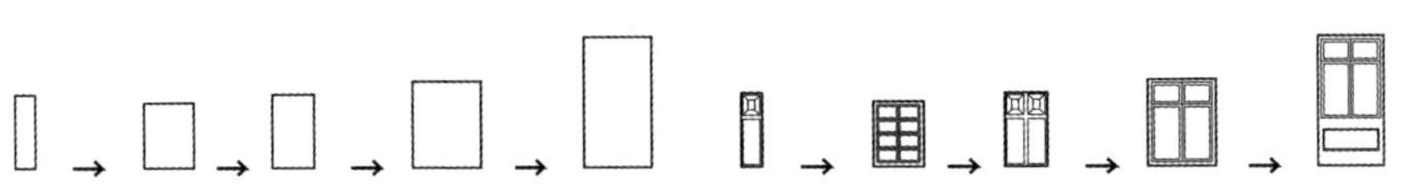

图10-22　重复与变化

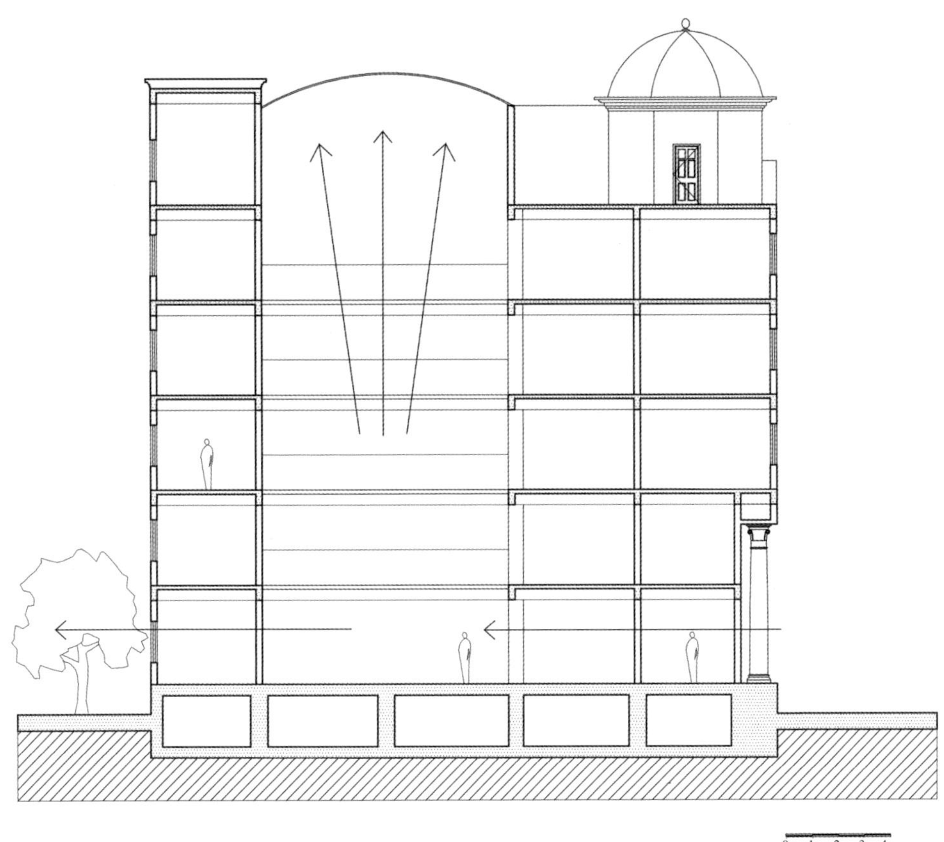

图10–23　空间对比与变化

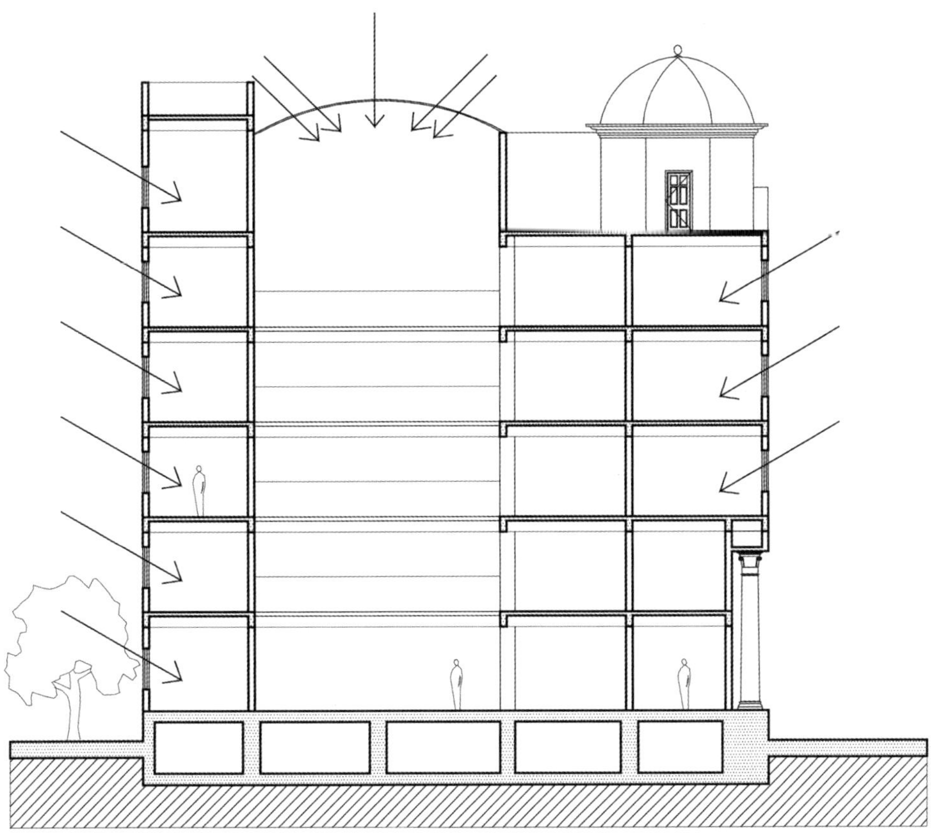

图10–24　采光分析

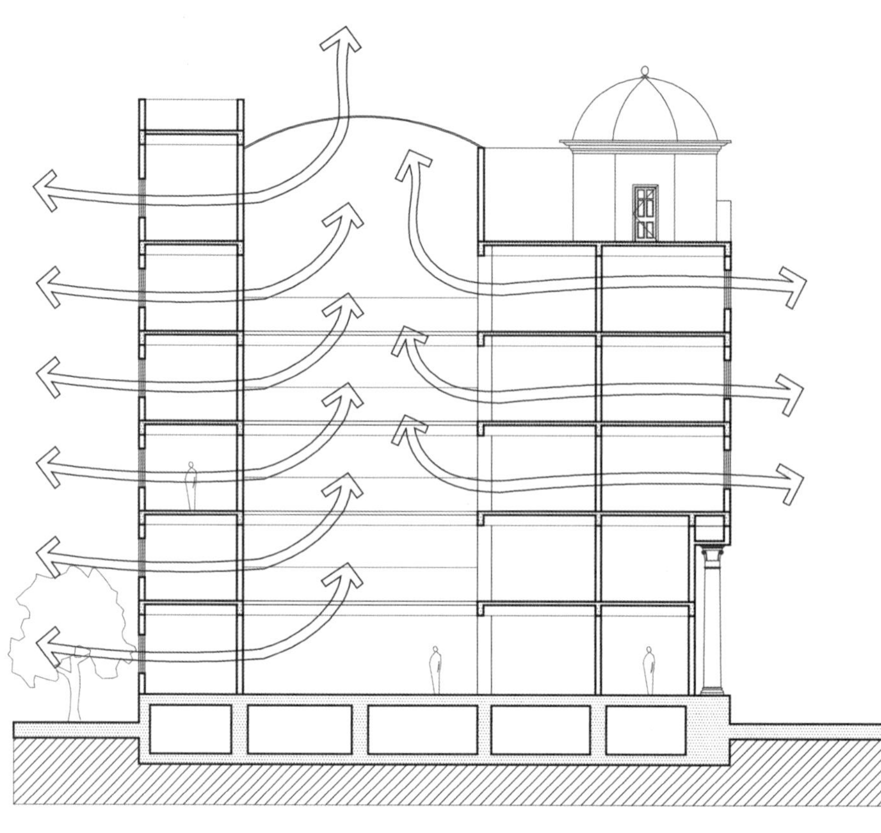

图10–25 通风分析

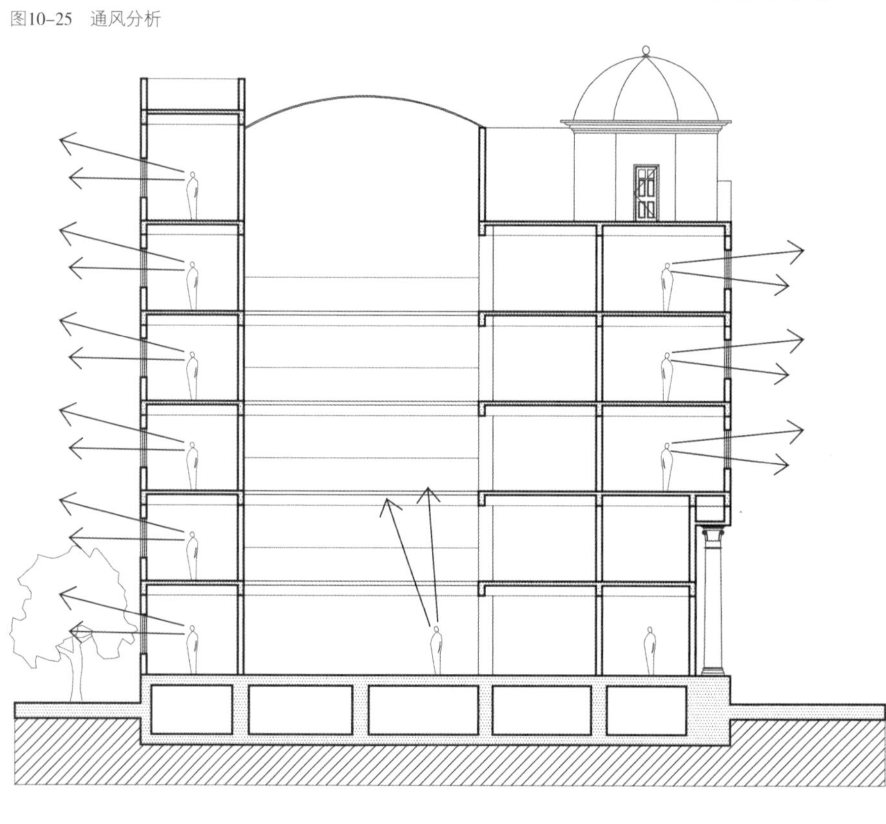

图10–26 视线分析

11
第十一章

第十一章 汉口交通银行旧址

汉口交通银行旧址位于江岸区胜利街2号，大楼为英商景明洋行的翰明斯设计，风格为晚期古典主义。始建于1919年，1921年完工，占地面积1500m²，建筑面积约3500m²，四层钢筋混凝土结构。构图采用古典三段式，分为基座、柱廊、檐以及玻璃顶楼。外墙用花岗石砌筑，四根花岗石古希腊式爱奥尼立柱一直延伸至三层。

第一节 历史沿革

汉口交通银行旧址历史沿革

时 间	事 件
1907年11月	邮传部为经理铁路、电报、邮政、航运四项事业的收付，向慈禧和光绪奏请设立交通银行。
1909年	设立汉口分行。交通银行是中国最早的发钞行之一，成立后做的第一件事，就是负责借款赎回京汉铁路。
1921年	在江岸区胜利街建成交通银行大楼。
2008年	被公布为湖北省文物保护单位。

第二节 建筑概览

汉口交通银行创建于民国初年，总行设在北京，由清末邮传部创办，故名“交通”。汉口交通银行大楼1921年建成，建筑正立面门廊五间四柱，柱式为希腊爱奥尼式，直通三层，宏伟至极。楼前砌石踏步，围以铁栏杆。平面呈长方形，风格庄重。立面采用三段式古典手法，严谨对称。底部的基座、中部高大的柱廊和顶部厚重的檐口及大尺度构件，突出建筑的庞大体量与雄伟巍峨。门窗均为长方形，四周饰以简洁雕饰，精致而又不失大气。

室内首层中部为营业大厅，设三个采光井，两侧为业务用房。二至四层为办公用房，功能分区明确，楼内左侧前后端设楼梯两部，前楼梯井设电梯一部。楼内走道、楼梯、室外门廊均为水磨石地面，办公室铺设木地板，地下还设有库房。

汉口交通银行旧址照片详见图11-1至图11-5所示。

图11-1　汉口交通银行旧址透视实景图

图11-2　汉口交通银行旧址正立面实景图

图11-3　汉口交通银行旧址侧立面实景图

图11-4　汉口交通银行旧址局部实景图

图11-5　柱饰

第三节　技术图则

依据建筑实测图纸，部分辅以三维建模，用技术图则方式解析汉口交通银行旧址建筑的环境布局、平面布置、功能流线、围护结构、采光及通风等规划建筑诸元素。汉口交通银行旧址图则详见图11-6至图11-11所示。

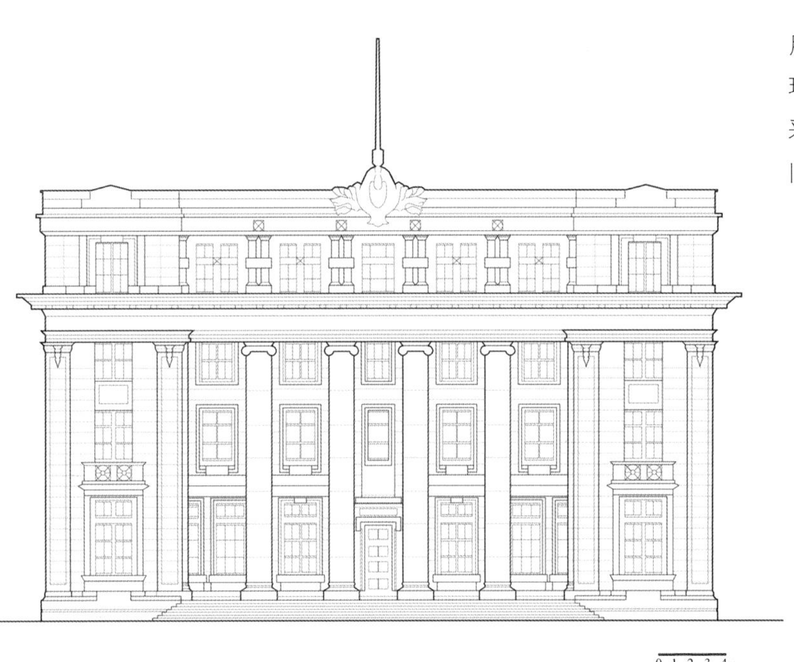

图11-6　正立面图

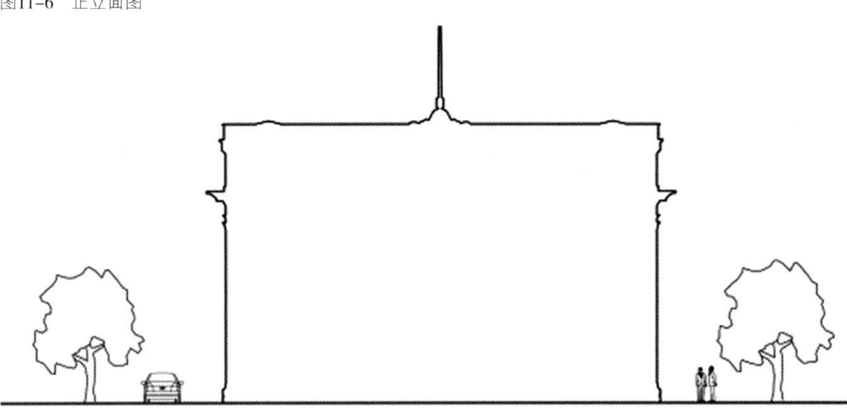
图11-7　体量关系

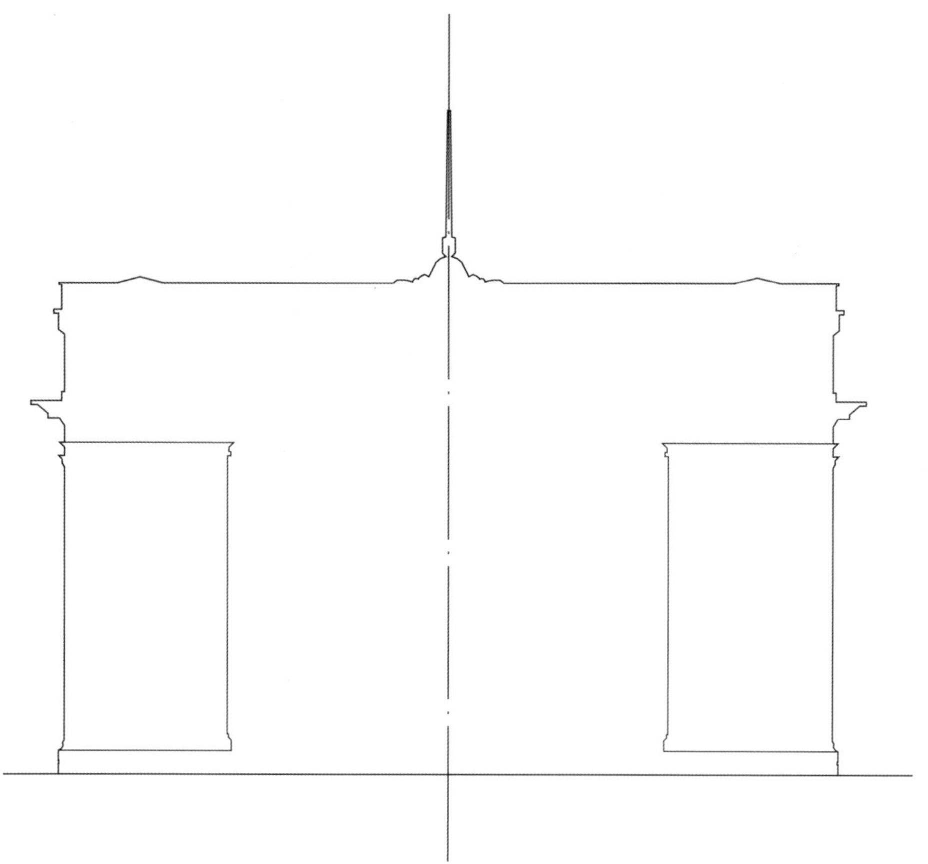

图11-8　对称与均衡

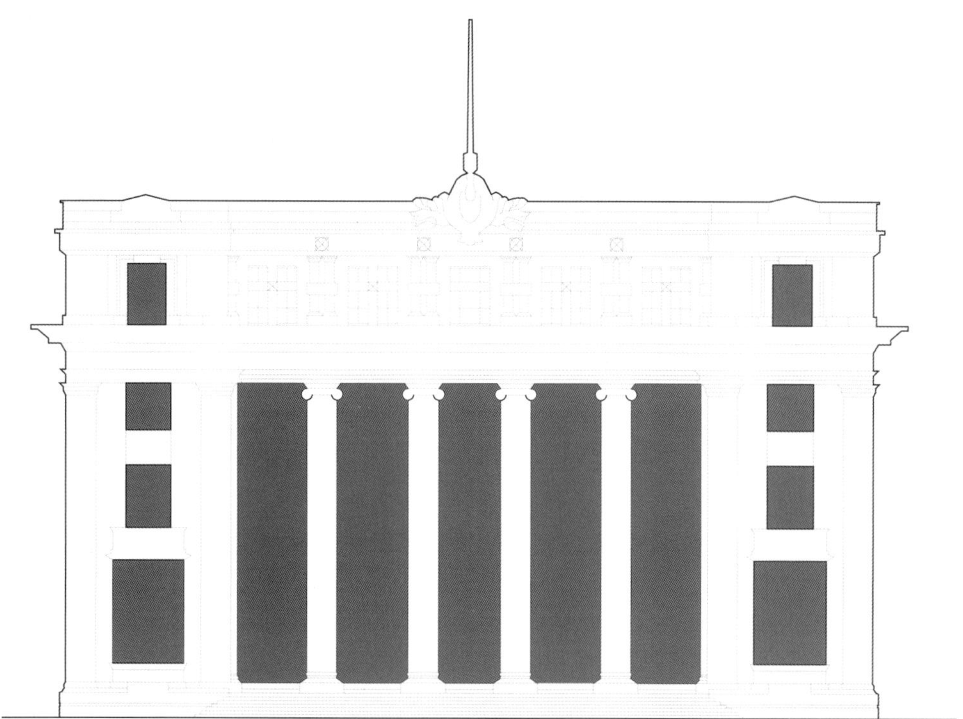

图11-9　立面凸凹

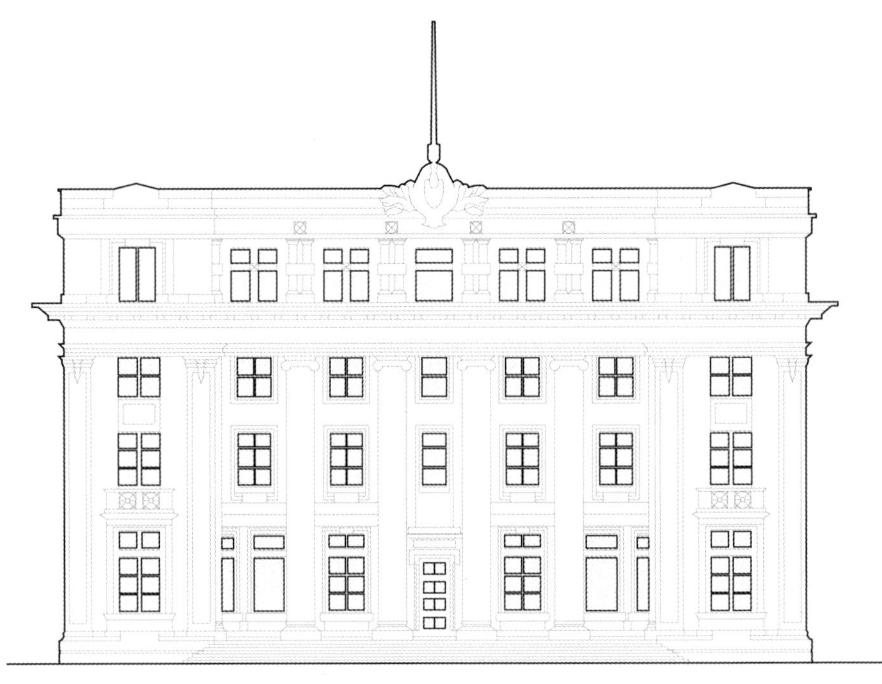

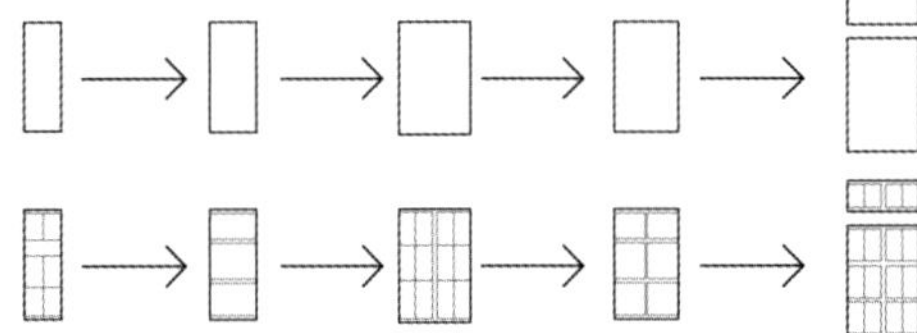

图11-10　重复与变化

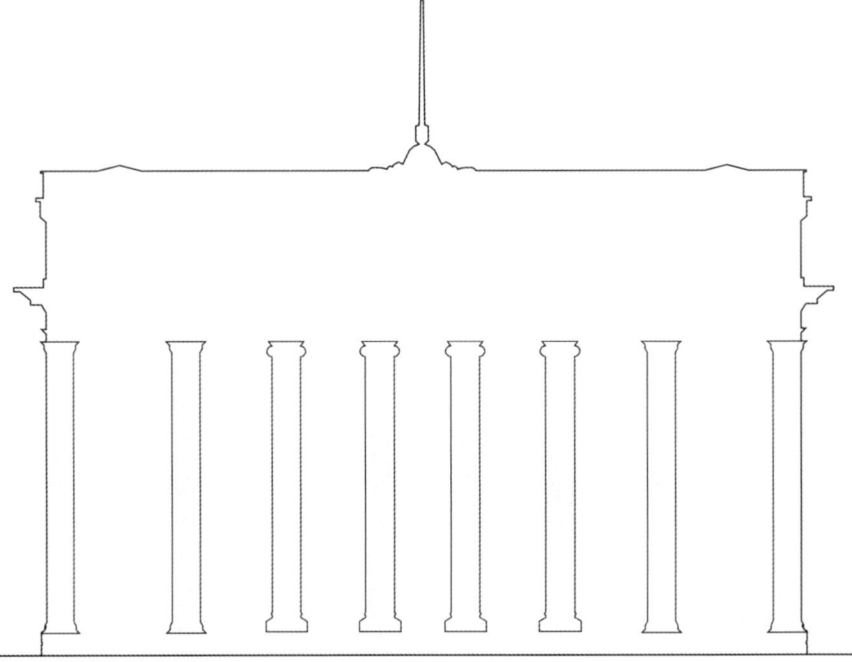

图11-11　韵律

12

第十二章

第十二章 上海银行汉口分行旧址

上海银行汉口分行位于武汉市江汉路60号，在江汉路步行街中段。银行大楼建于1920年，由三义洋行设计，上海三合兴营造厂施工，五层钢筋混凝土结构，为新古典主义风格建筑。银行大楼占地面积611m^2，总建筑面积为2142m^2。2014年被公布为湖北省文物保护单位。

第一节　历史沿革

上海银行汉口分行旧址历史沿革

时　间	事　件
1918年	美国留学归来的周苍柏亲自选址，主持汉口分行大楼的建造工作。
1920年	银行大楼建成。
1993年	被武汉市人民政府公布为优秀历史建筑。
2011年	被武汉市人民政府公布为武汉市文物保护单位。
2014年	被湖北省人民政府公布为湖北省文物保护单位。

第二节　建筑概览

上海银行汉口分行旧址立面采用古典三段式构图，外墙为麻石砌成。正面五开间，中间三开间，一层为大门，向内凹进，突出三个拱门，强调入口，两侧开间为窗户。二、三层中部窗间有爱奥尼柱式装饰，简洁大方。整座大楼体量适中，跟尺度高大的汇丰银行相比显得精致典雅，含蓄而不张扬，同时也极具艺术效果。

上海银行汉口分行旧址的照片详见图12-1至图12-9所示。

图12-1　上海银行汉口分行旧址正立面实景图

图12-2　上海银行汉口分行旧址侧立面实景图

图12-4　入口大门

图12-3　上海银行汉口分行旧址正立面局部实景图

图12-5　上海银行汉口分行旧址侧立面窗户

图12-6　建筑细部（1）

图12-8　入口

图12-7　建筑细部（2）

图12-9　柱式

第三节　技术图则

依据建筑实测图纸，部分辅以三维建模，用技术图则方式解析上海银行汉口分行旧址建筑的环境布局、平面布置、功能流线、围护结构、采光及通风等规划建筑诸元素。上海银行汉口分行旧址技术图则详见图12-10至图12-19所示。

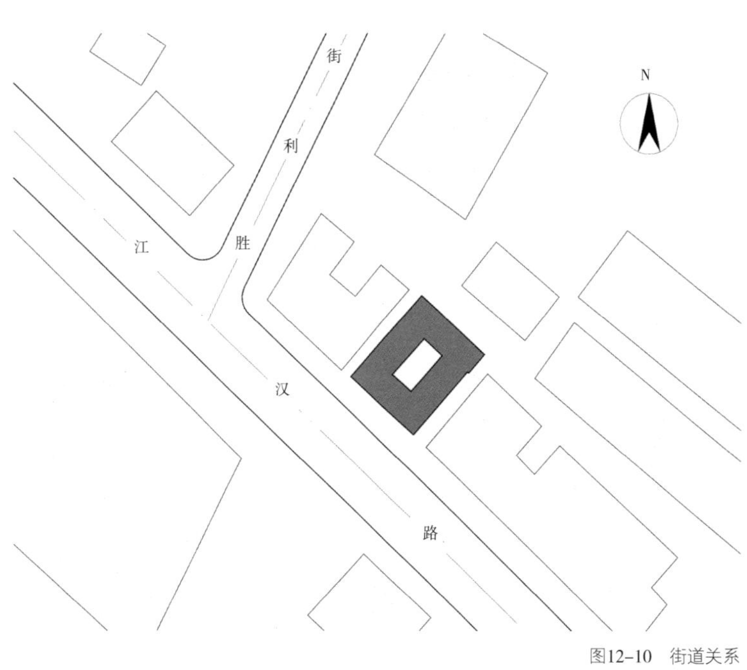

图12-10　街道关系

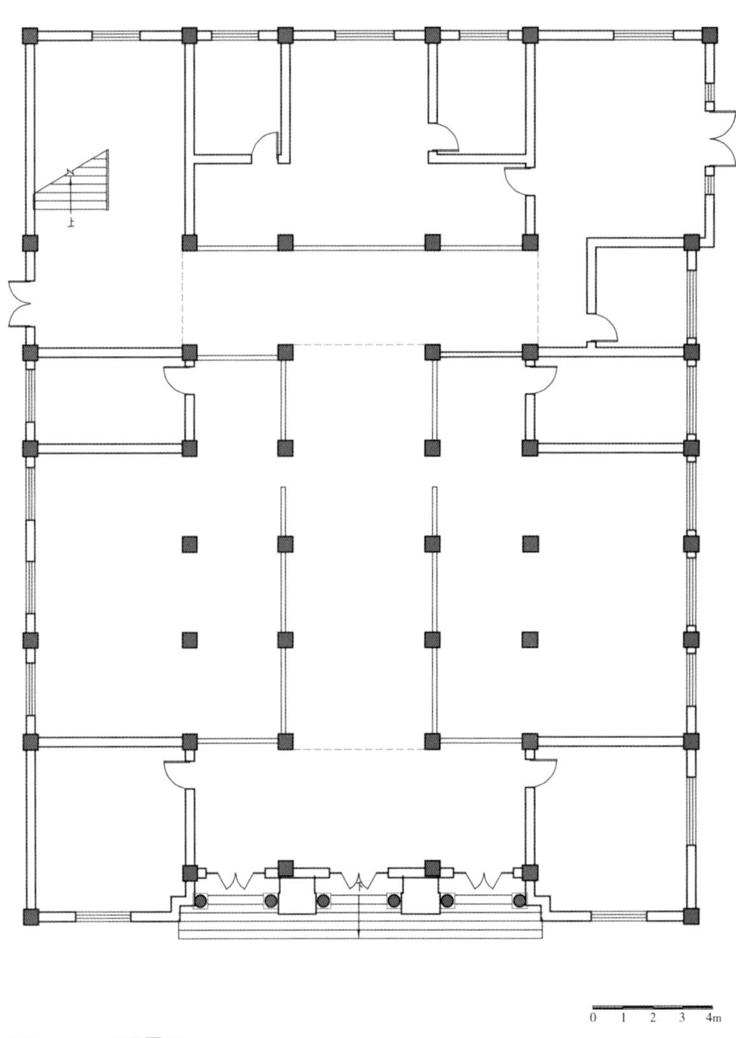

图12-11　一层平面图

图12-12　正立面图

图12-13　侧立面图

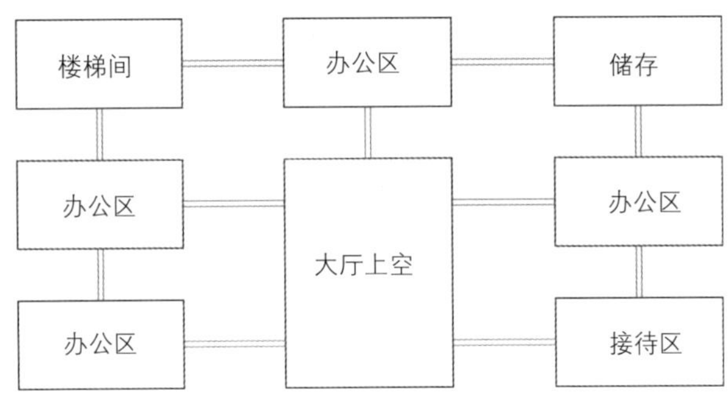

图12-14　功能分析图

图12-15　平面灰空间

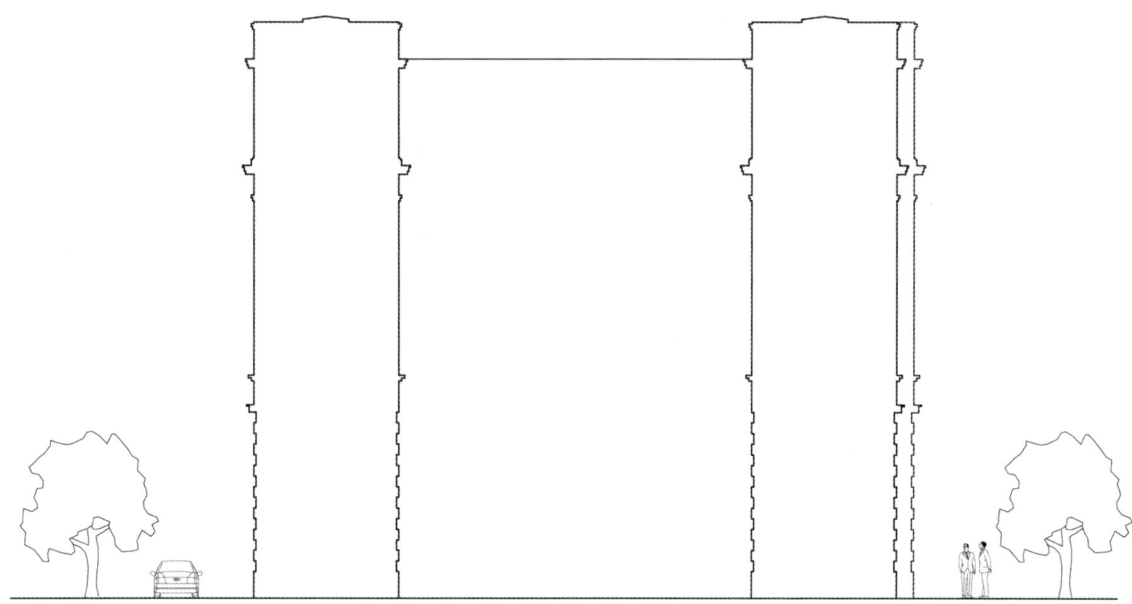

图12-16　体量关系

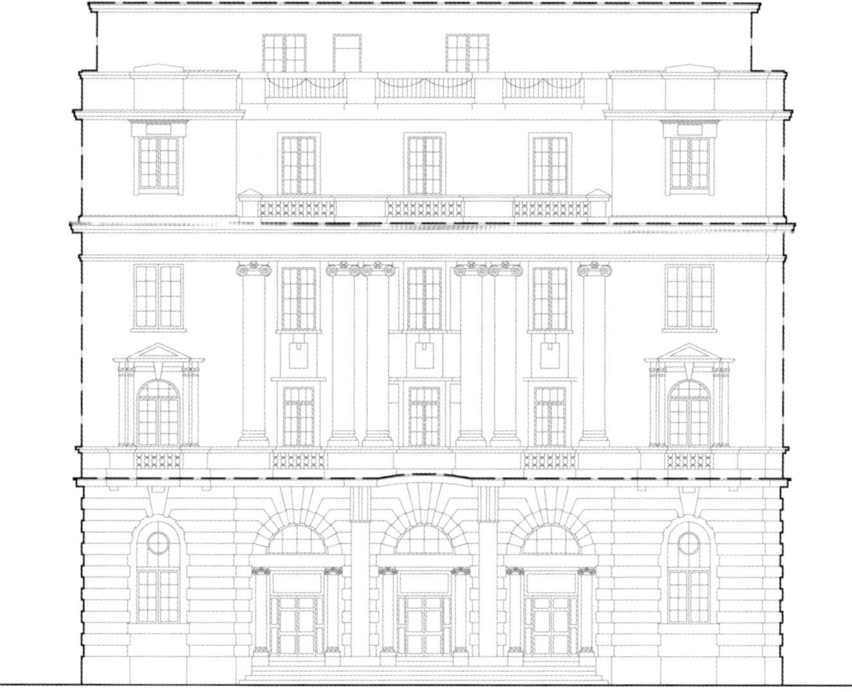

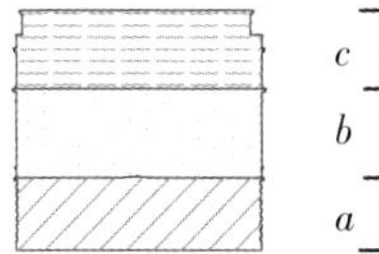

图12-17　纵向三段式构图

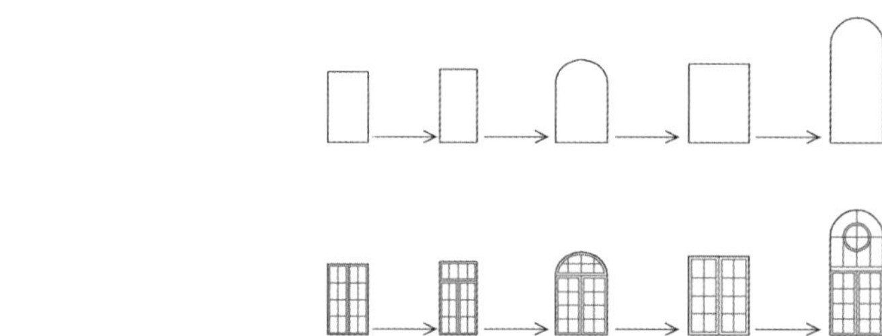

图12-18　重复与变化

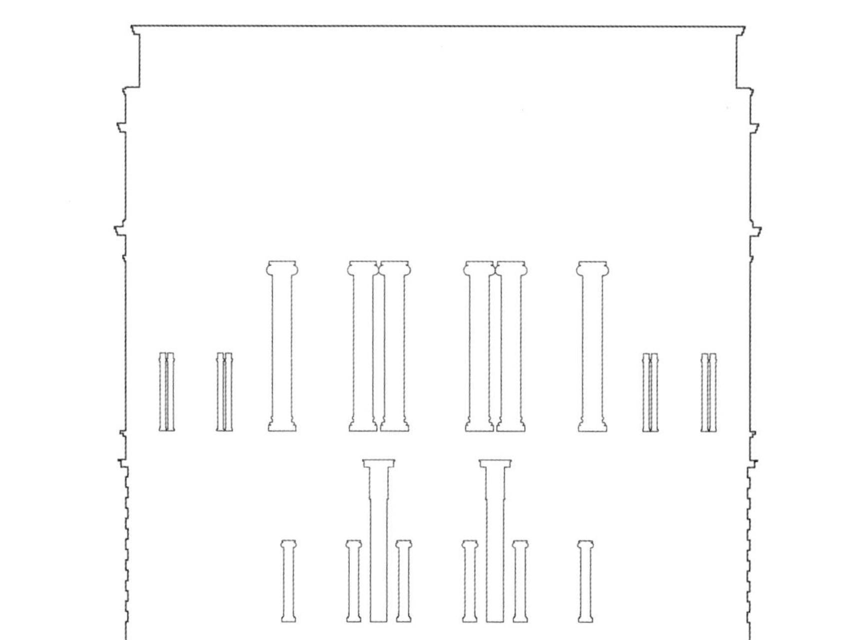

图12-19　韵律

13
第十三章

第十三章 中国实业银行大楼旧址

中国实业银行大楼旧址位于江汉路22号，这幢大楼为中国建筑师卢镛标的代表作，九层钢筋混凝土结构，建于1934年，1936年建成。底层为黑色大理石外墙，中上层褚红色外墙直通尖顶，以48.5m的高度在数十年里引领三镇高楼之最。

第一节　历史沿革

中国实业银行大楼旧址历史沿革

时　间	事　件
1915年	北洋政府财政部筹办中国实业银行，1919年4月正式成立。主要发起人为前中国银行总裁李士伟、前财政总长周学熙、前国务总理熊希龄、钱能训等人。总行设在天津。
1920年	上海分行设立，该行名为“实业银行”，实际仍与一般商业银行一样从事储蓄、信托、仓库等业务。
1922年	设立汉口分行。
1934年	始建汉口分行大楼，1936年建成。
1998年	被公布为武汉市文物保护单位。
2014年	被公布为湖北省文物保护单位。

第二节　建筑概览

1919年，中国实业银行创办，第一任总经理为周学熙。基于“金融为实业之先、实业之本”的思想，他主张建立一个统一、健全、为发展实业而服务的金融机构，这也是中国实业银行名称的由来。

中国实业银行汉口分行设立于1922年，这幢大楼为中国建筑师卢镛标的代表作。钢筋混凝土结构，底层为黑色大理石外墙，中上层褚红色外墙直通尖顶，高度48.5m，数十年里引领三镇高楼之最。大楼中间高九层，两翼各六层，入口设在街道转角处，底层营业大厅呈八边形。为强调入口，上部塔楼逐层收进，减缓了对街面的压抑感。顶棚天花形似八边形藻井。建筑为三段式构图，立面没有繁复的装饰，其母题为几何线条，窗户全部为玻璃方窗，形成平行线条通顶，笔直向上，具有竖向的动势。外观简洁明快，楼层挺拔高耸。现为中信银行办公处。

中国实业银行大楼旧址照片详见图13-1至图13-6所示。

图13-1　中国实业银行大楼透视图

图13-2　中国实业银行大楼侧立面实景图

图13-3　中国实业银行大楼局部实景图（1）

图13-4　中国实业银行大楼局部实景图（2）

图13-6　窗户

图13-5　主入口

第三节　技术图则

依据建筑实测图纸，部分辅以三维建模，用技术图则方式解析中国实业银行大楼建筑的环境布局、平面布置、功能流线、围护结构、采光及通风等规划建筑诸元素。中国实业银行大楼技术图则详见图13-7至图13-10所示。

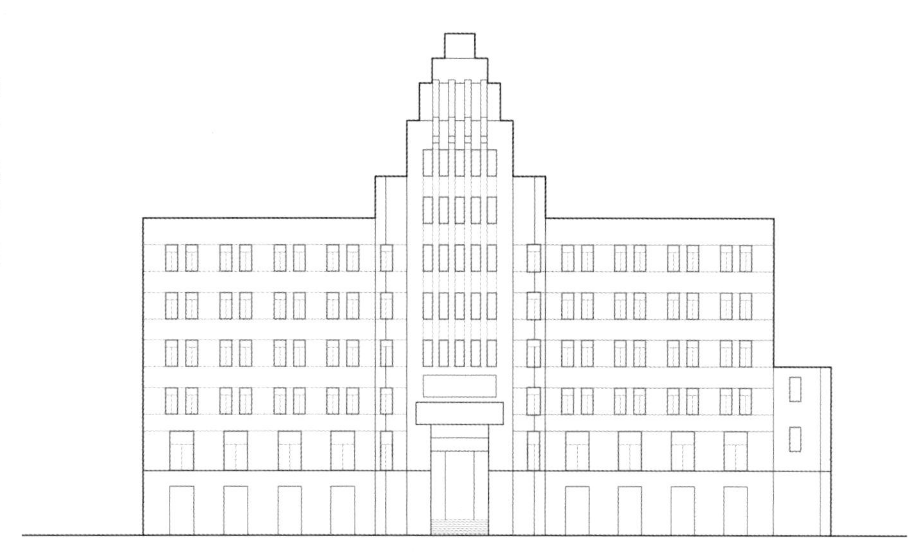

图13-7　立面图

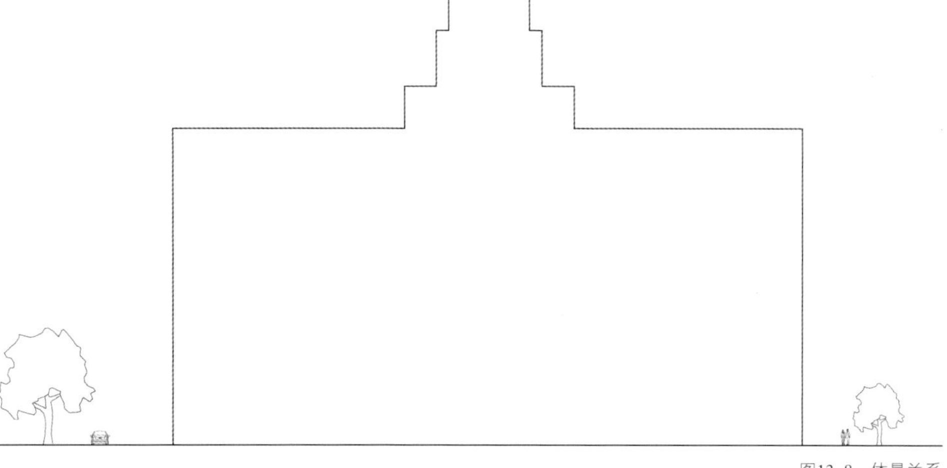

图13-8　体量关系

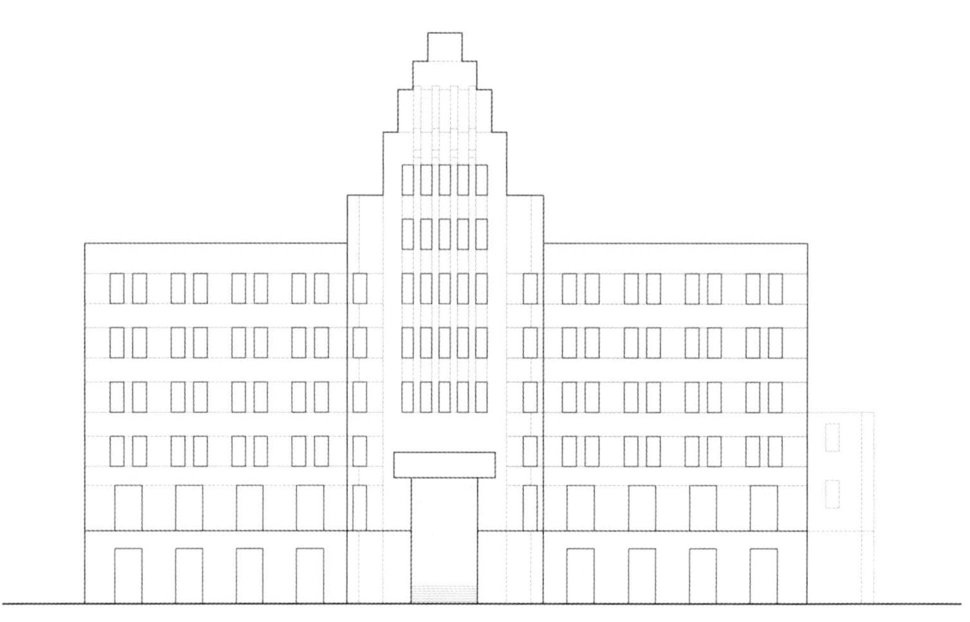

图13-9　重复与变化

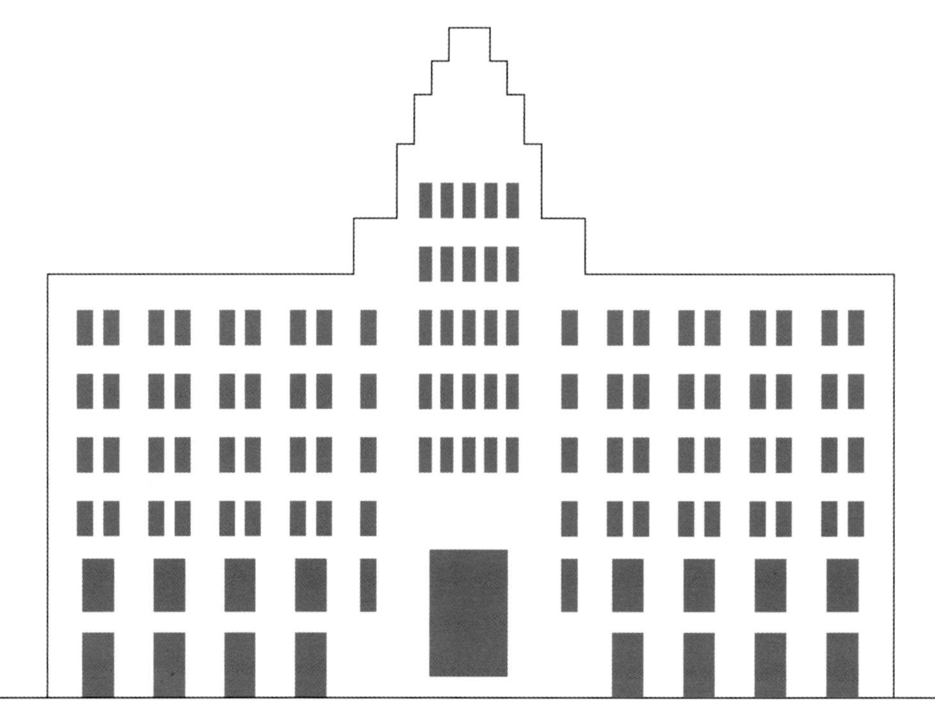

图13-10　立面凹凸

14
第十四章

第十四章 四明银行汉口分行旧址

四明银行汉口分行建于1934年，中国近代著名设计师卢镛标为银行确定了新址，历时两年建成。银行占地面积1183m²，楼高39.01m，是中国设计师在汉口设计的第一座钢筋混凝土结构建筑，也是当年华人在汉口租界外修建的“争气楼”的代表作。

第一节 历史沿革

四明银行汉口分行历史沿革

时 间	事 件
1908年	四明银行成立，它是我国最早的商业银行之一，总行设在上海，由沪上颇有知名度的宁波帮人士朱葆三、虞洽卿等集资创办，以宁波著名风景点四明山为银行命名，发行钞票上印有四明山图样。
1919年	四明银行设立汉口分行，在江汉路中山大道以北建起里弄建筑宁波里；于前进五路建起宁波会馆，命名“四明公所”。
1933—1934年	四明银行开业史上发展的高峰期，存款额达4400万元，在上海各大华资商业银行中排名第八。
1934年	沈祝三邀华人建筑师卢镛标为四明银行汉口分行确定新址，由浙江同乡会投资，大楼设计为七层，是华人在汉口设计的第一幢钢筋混凝土楼房。
1936年	四明银行汉口分行建成，该建筑造型新颖别致，简洁明快，开汉口建筑之新风。
1937年12月	国民党南京政府将官股兑入四明商股，指派吴启鼎兼任四明银行董事长，从此，四明银行由民营机制转为半官方机制，与中国通商银行、中国实业银行、中国国货银行统称为“官商合办”的“小四行”。
1937年	上海沦陷，四明银行总行迁往重庆。
1938年01月	蒋介石来汉后，孔祥熙出任行政院长。行政院在武汉以办事处的名义办公，而办公场所就设在武汉四明银行大楼的四楼。
1938年10月	武汉沦陷，政府西迁，武汉四明银行大楼被日军占用。
抗日战争时期	房屋附近落下重磅炸弹，建筑受震动影响甚大，一度发生渗漏现象。
1943年	留沪四明银行在日占领军的操纵下改组经营，1946年恢复原机制。
1948年	四明银行国内11个分行经营状况迅速恶化。
1949年10月	新中国政府接管四明银行的“官股”部分，后来改为公私合营银行，四明银行也就不复存在了。
1961年	武汉市直属房管所委托市修缮队第二施工队进行了全面检修，配添门窗五金零件，疏通上下水管道，整理卫生设备，彻底翻修平台。
1993年07月	四明银行汉口分行大楼作为武汉市保留历史优秀建筑一级保护项目。
2000年	中国人寿信托投资公司对银行进行了全面整修。
2011年03月	被公布为武汉市文物保护单位。
2014年06月	被列为湖北省文物保护单位。

第二节　建筑概览

四明银行汉口分行作为湖北省重点文物保护单位及武汉市优秀历史建筑，具有重要的建筑艺术价值。建筑色彩选用浅灰色调，基座层为麻石贴面，以上均采用水刷石材质。临江汉路建筑两侧从外观看为五层，实际底部利用架空层形成基座，有六层高度。立面没有繁复的装饰，其母题为几何线条，有少量抽象化的花草、水波图案。中部塔楼八层，临交通路一侧为七层，立面柱顶部有简单的几何线条装饰，带有早期Art Deco风格。银行主楼部分高出两翼两层高度，窗户全部为玻璃方窗，窗两边以石条装饰，壁柱形成平行线条通顶，笔直向上，具有竖向的动势，简洁大气的外观烘托出巍峨气势。面向江汉路一侧的空地，用石头砌筑低矮的围栏，围合形成入口院落，显示出银行的气派与严谨。建筑入口处宽大、空旷，巨大的铁质喷铜大门透露着威严，厚重的门楣上刻有行名。顶部的两侧为渐次收进的阶梯状塔楼，与凸出的壁柱头一起，让整座建筑显得线条明晰、错落分明，厚实却不显笨重。建筑一、二层中间为玻璃采光中庭，作为营业大厅，环绕跑马廊布局，大厅前后布置办公室以及相关附属用房。大楼内设有电梯，配套设施在当时十分先进。

四明银行汉口分行的建成将Art Deco风格引入武汉，把握住了西方现代建筑风格的设计动向，并且对武汉近代建筑由古典复兴向现代式的转变产生了举足轻重的影响。

四明银行汉口分行照片详见图14-1至图14-8所示。

图14-1　四明银行汉口分行透视实景图

图14-2　四明银行汉口分行侧立面实景图

图14-3　建筑局部实景图（1）

图14-4　建筑局部实景图（2）

图14-5　前院石质围栏

图14-6　建筑细部（1）

图14-7　建筑细部（2）

图14-8　建筑细部（3）

第三节　技术图则

依据建筑实测图纸，部分辅以三维建模，用技术图则方式解析四明银行汉口分行建筑的环境布局、平面布置、功能流线、围护结构、采光及通风等规划建筑诸元素。四明银行汉口分行技术图则详见图14-9至图14-21所示。

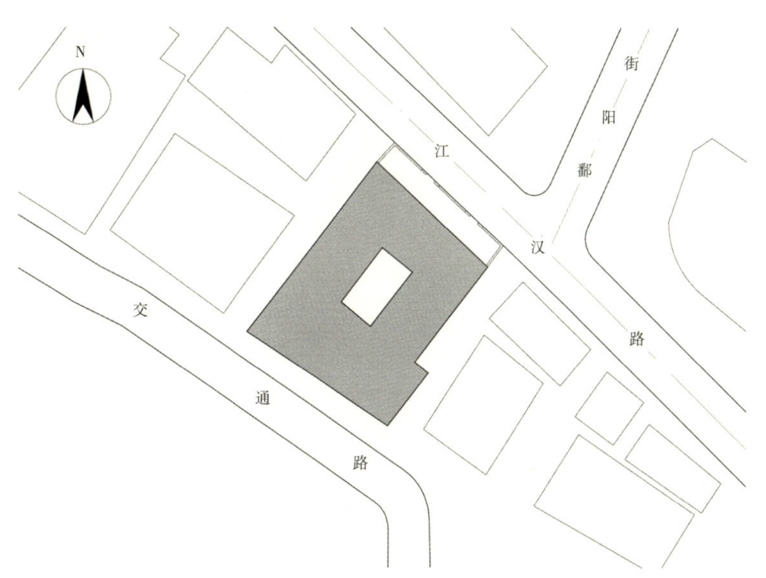

图14-9　街道关系

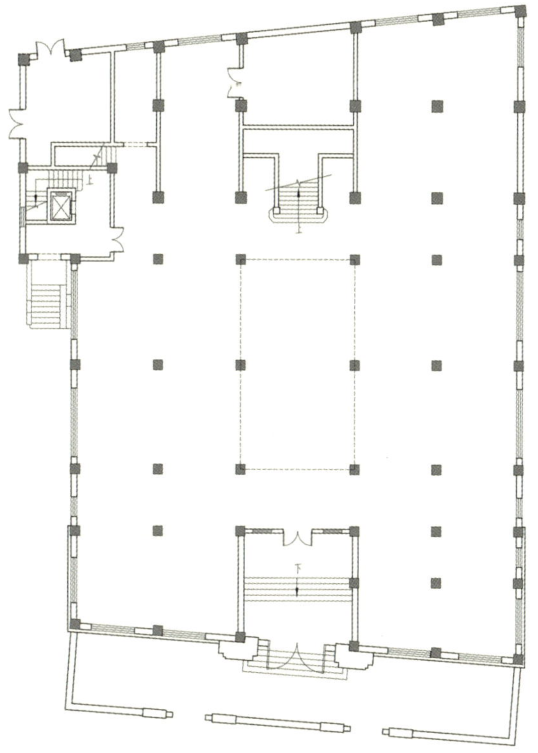

图14-10　一层平面图

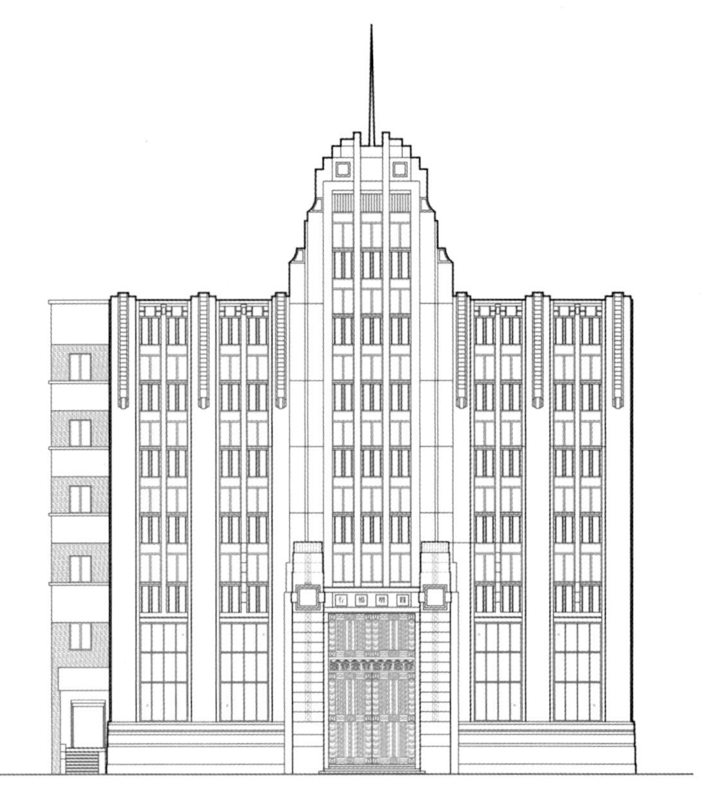

图14-11　正立面图

图14-12　背立面图

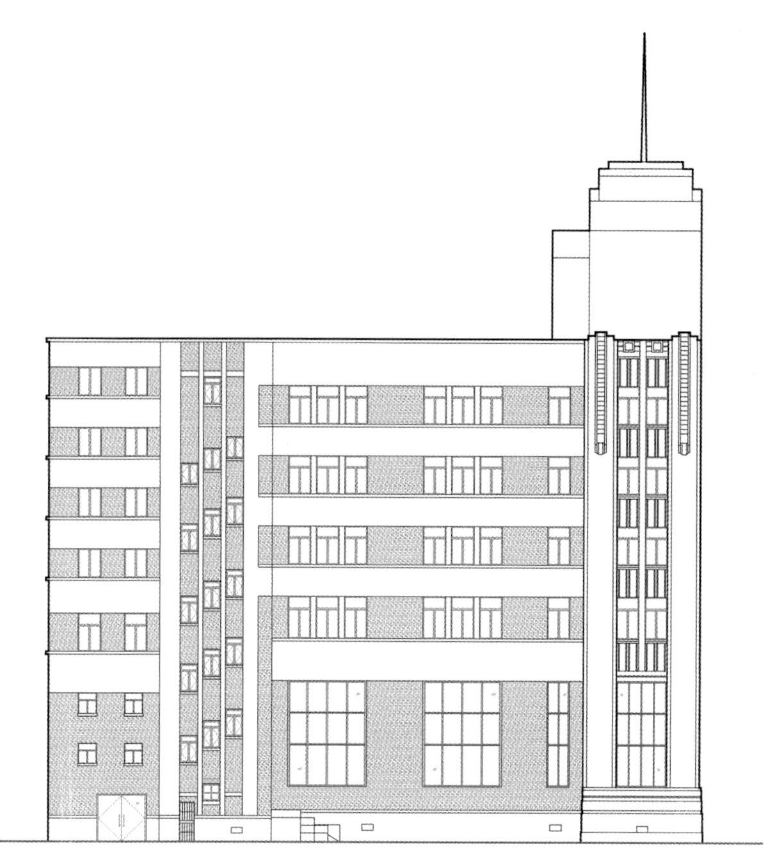

图14-13　侧立面图

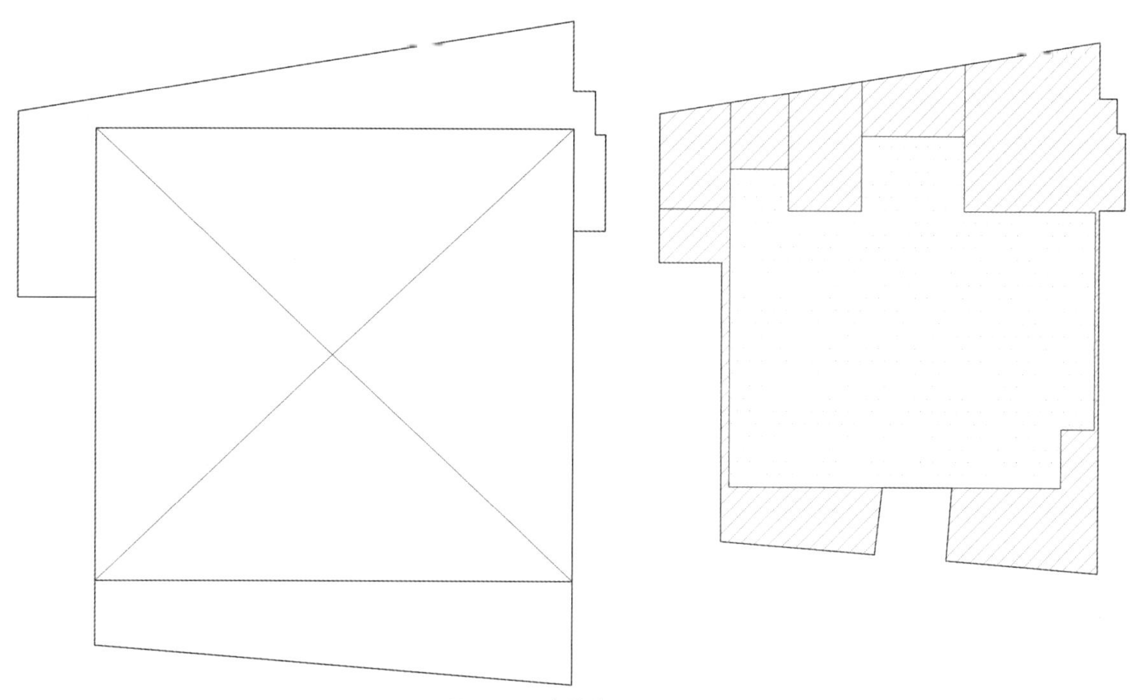

私密空间

公共空间

图14-14　几何关系

图14-15　公共与私密

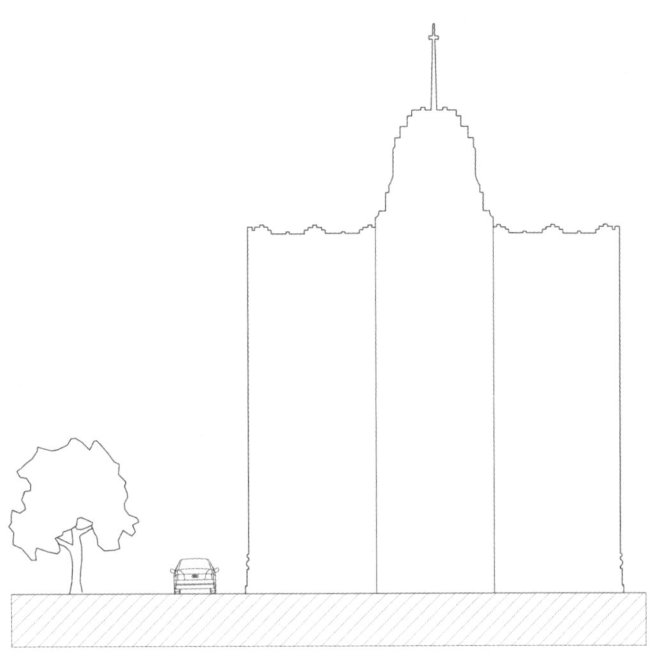

图14-16　体量关系

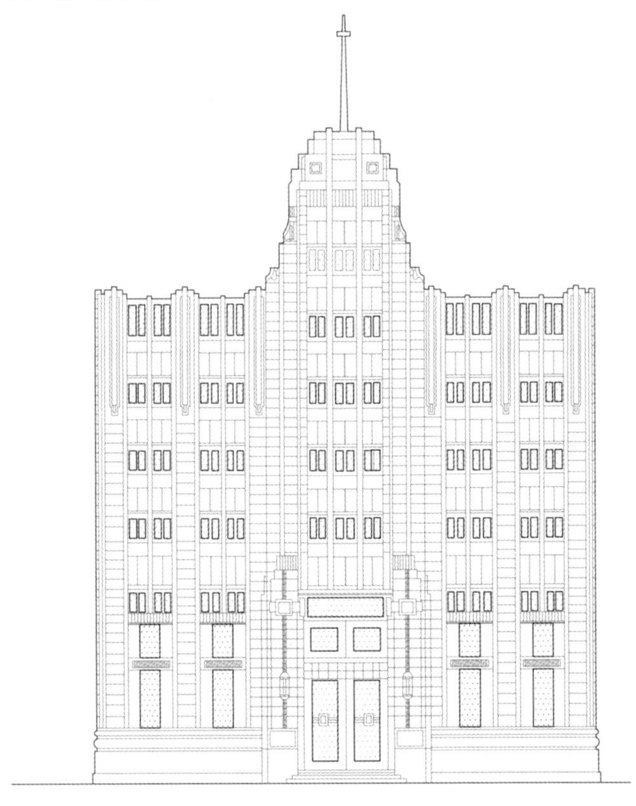

图14-17　重复与变化

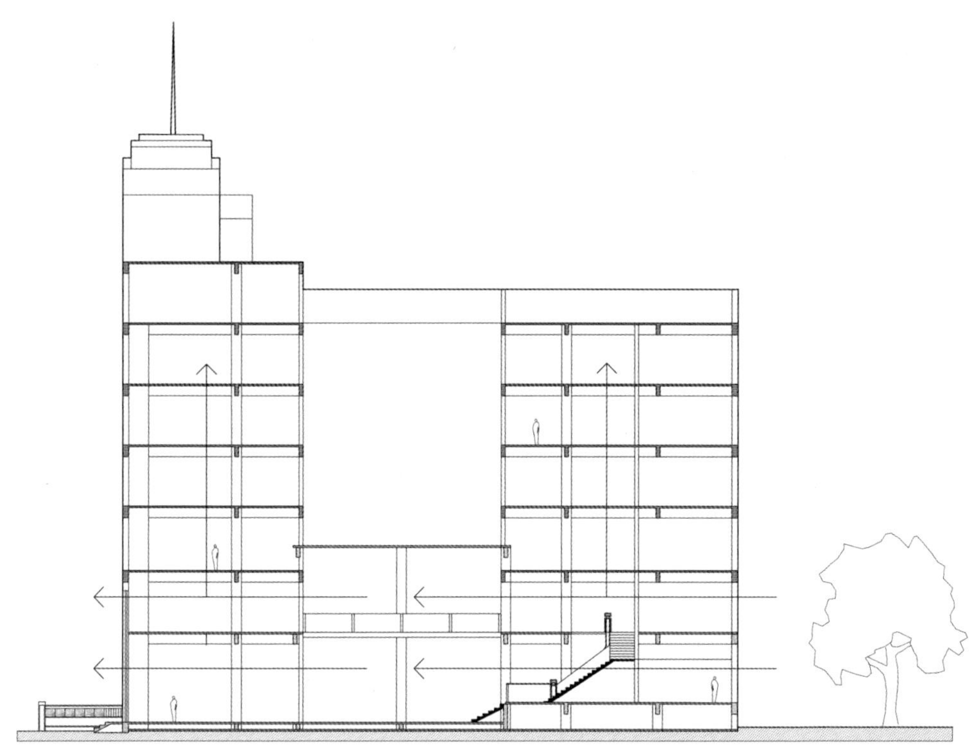

图14-18　空间变化与对比

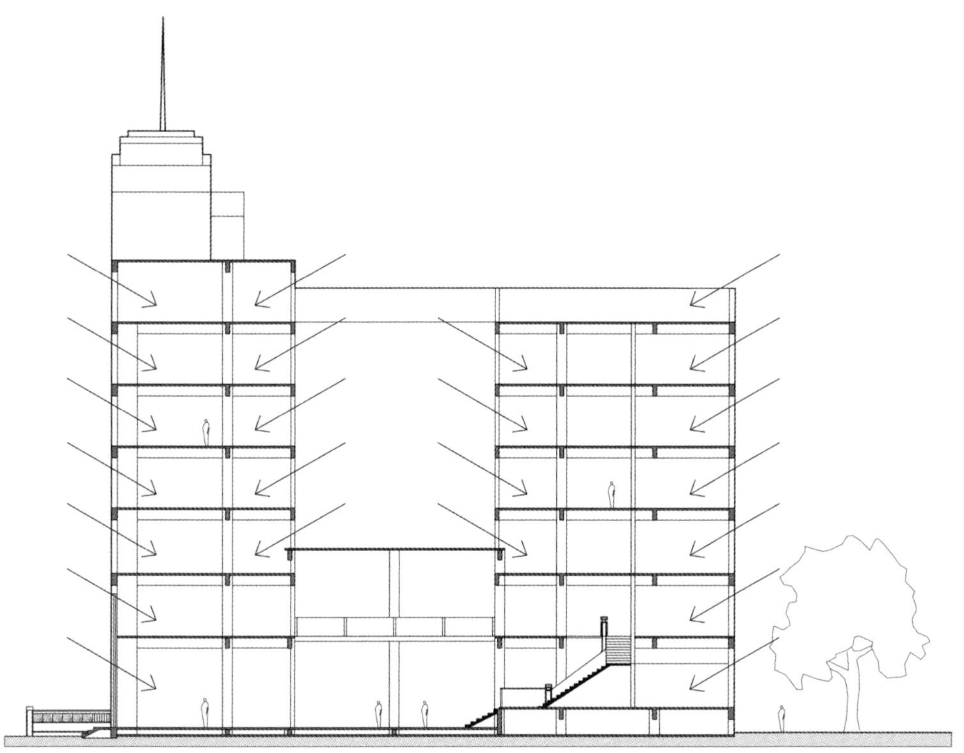

图14-19　采光分析

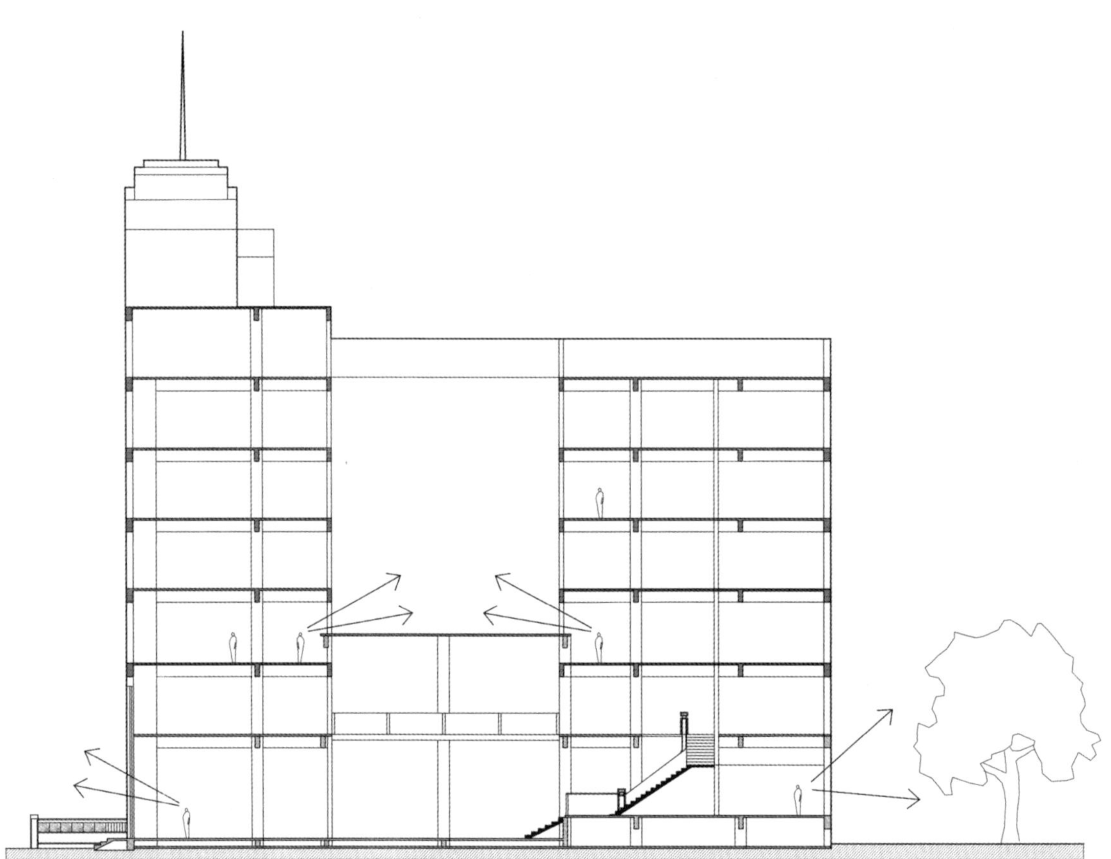

图14-20　视线分析

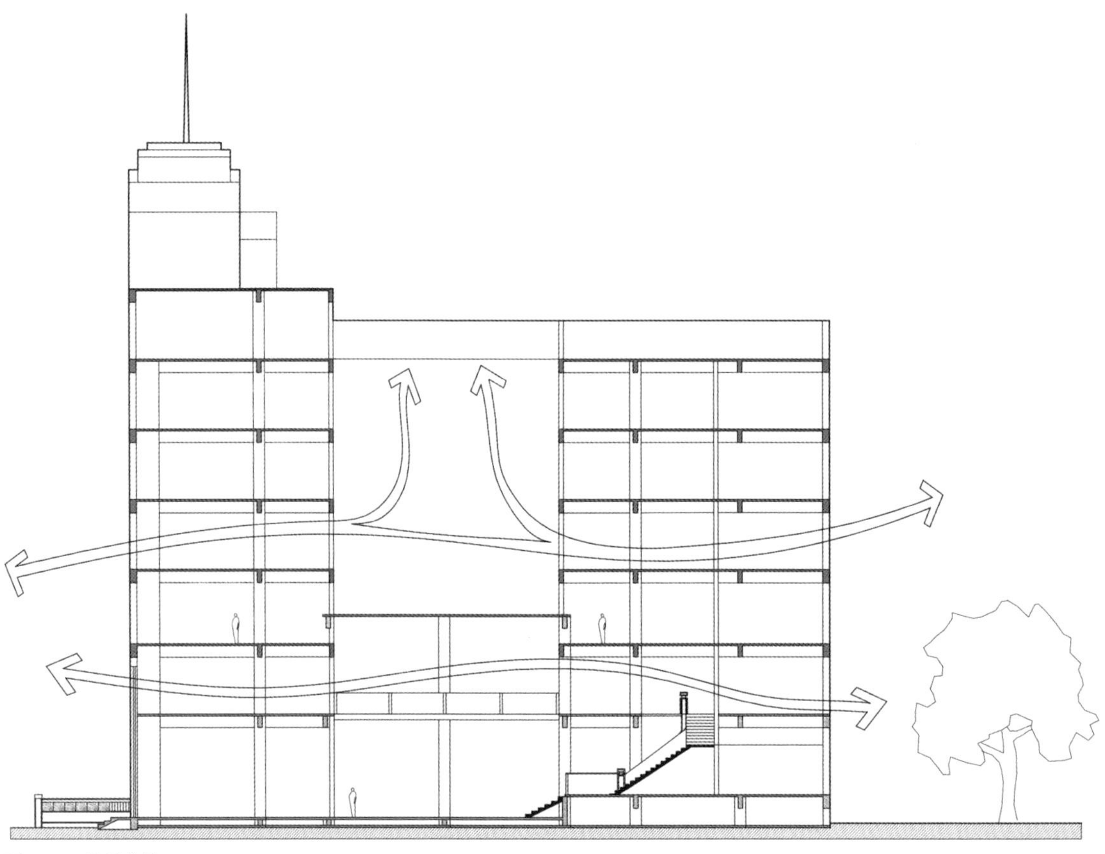

图14-21　通风分析

15
第十五章

第十五章 台湾银行汉口分行旧址

台湾银行汉口分行旧址位于武汉市江汉区江汉路21号，建成于1915年，法国式古典主义风格建筑，由中国近现代著名建筑师庄俊设计，汉协盛营造厂施工。旧址建筑面积$3000m^2$，五层（地下一层）钢筋混凝土结构。外墙麻石到顶，正面五开间，中部三开间，三至四层设花岗石圆柱空廊。

第一节 历史沿革

台湾银行汉口分行旧址历史沿革

时 间	事 件
1895年5月	日军在澳底登陆台湾，在初步取得北台湾港口城市控制权之后，当时台湾总督桦山资纪批准大阪中立银行在台设立分行，这是台湾第一间金融银行。
1899年3月	日本政府修改台湾银行法，并以100万元为额度，认购台湾银行股份，同年6月正式成立株式会社台湾银行，同年9月26日开始营业。
1915年	台湾银行在汉口设立分行，银行大楼为法国式古典主义风格建筑。
1993年	被公布为武汉市优秀历史建筑。
2011年	被公布为武汉市文物保护单位。

第二节 建筑概览

台湾银行是甲午战争中国失利割让台湾后，由日本于1899年创办的，总行设于台湾。台湾银行汉口分行，建成于1915年，法国式古典主义风格建筑。由中国近现代著名建筑师庄俊设计，汉协盛营造厂施工。地上五层，地下一层，钢筋混凝土结构。外墙麻石到顶，正面五开间，中部三开间，三至四层设花岗石圆柱空廊，共十根古希腊爱奥尼式双柱，恢弘大气。大楼正面设计采取三段式构图，第一段为两层，中间和侧面入口均为半圆拱门，斫石砌筑，二层的窗户也为半圆形；第二段为两层，中间的阳台有十根廊柱，两边单柱，中间四组双柱，做成装饰壁柱和山花结合，第三段檐口有类似中国檐头的西式装饰。二、三层门窗均为长条形，周围饰以简洁雕饰，古朴大气。1993年被公布为武汉市优秀历史建筑。2011年被公布为武汉市文物保护单位。大楼现为中国人民银行武汉市分行电子清算中心。

台湾银行汉口分行旧址照片详见图15-1至图15-7所示。

图15-1　台湾银行汉口分行旧址透视实景图

图15-2　台湾银行汉口分行正立面实景图

图15-3　台湾银行汉口分行局部实景图

图15-4　建筑细部

图15-5　双柱

图15-6　窗户（1）

图15-7　窗户（2）

第三节　技术图则

依据建筑实测图纸，部分辅以三维建模，用技术图则方式解析台湾银行汉口分行旧址建筑的环境布局、平面布置、功能流线、围护结构、采光及通风等规划建筑诸元素。台湾银行汉口分行旧址技术图则详见图15-8至图15-15所示。

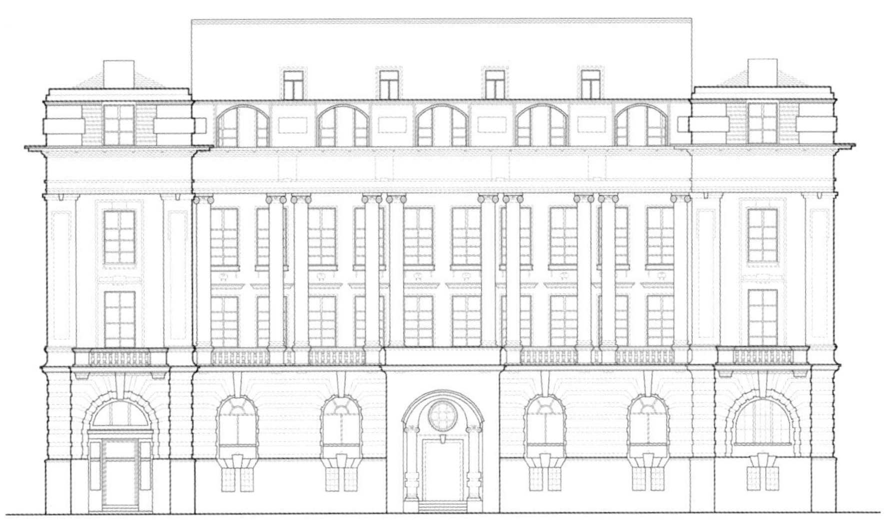

图15-8　正立面图

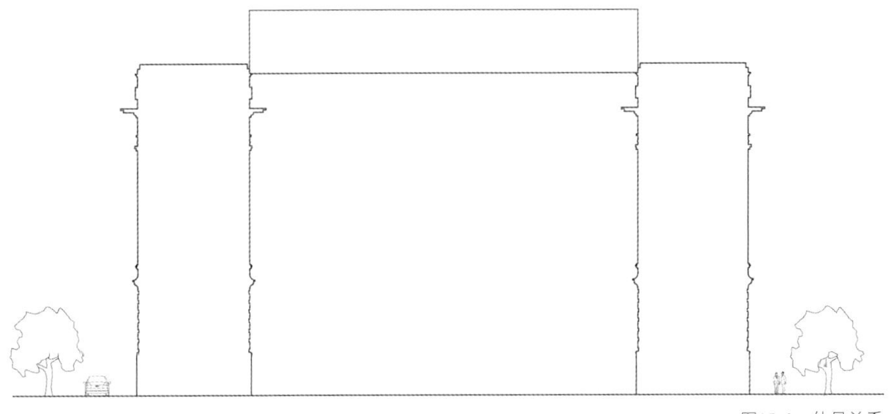

图15-9　体量关系

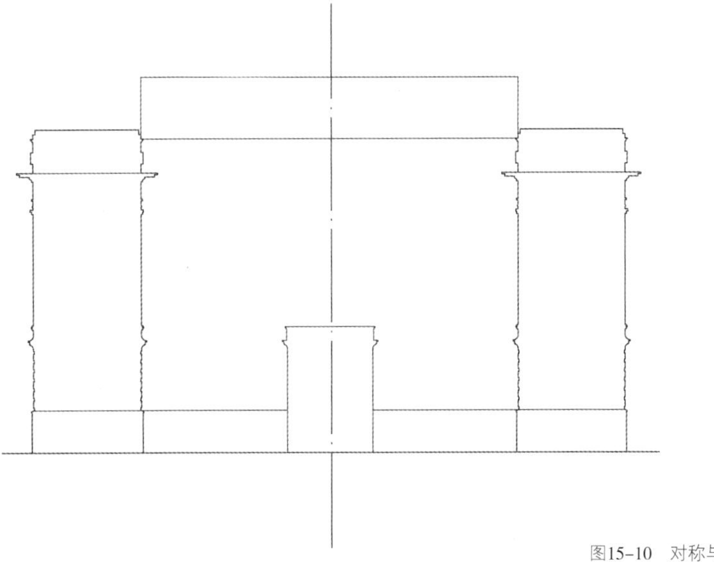

图15-10　对称与均衡

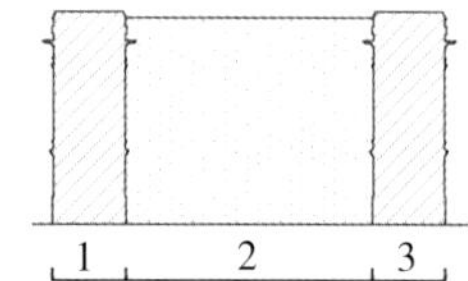

图15-11　横向三段式构图

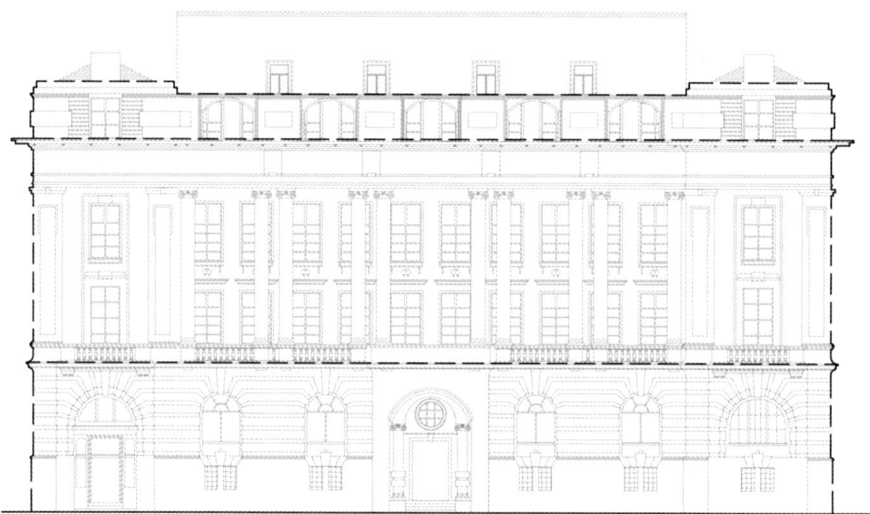

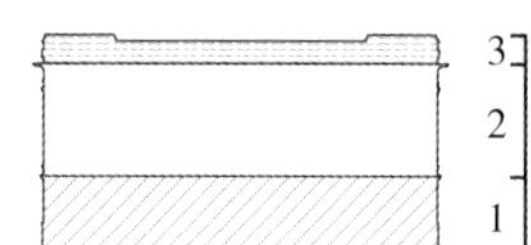

图15-12　纵向三段式构图

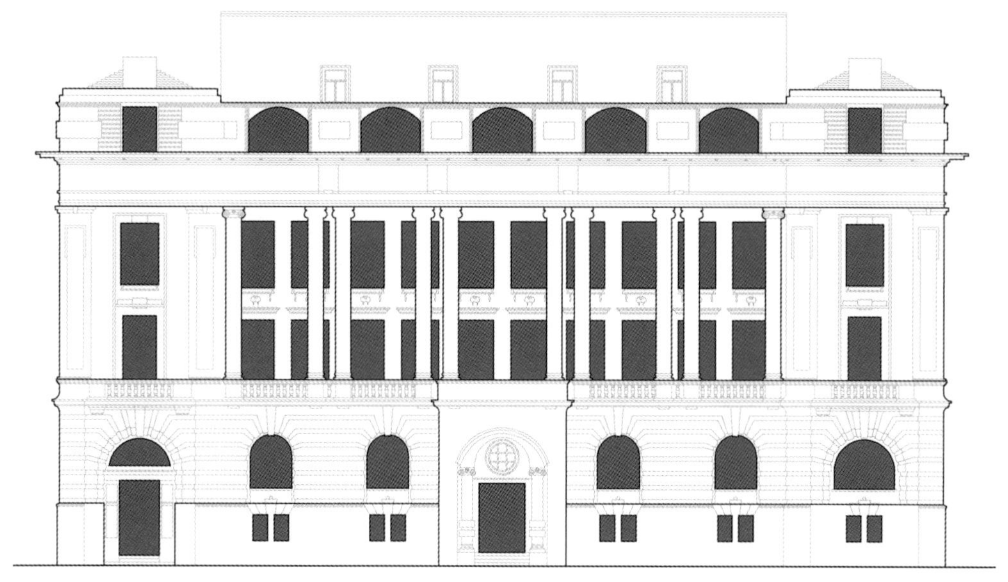

图15-13　立面凸凹

图15-14　重复与变化

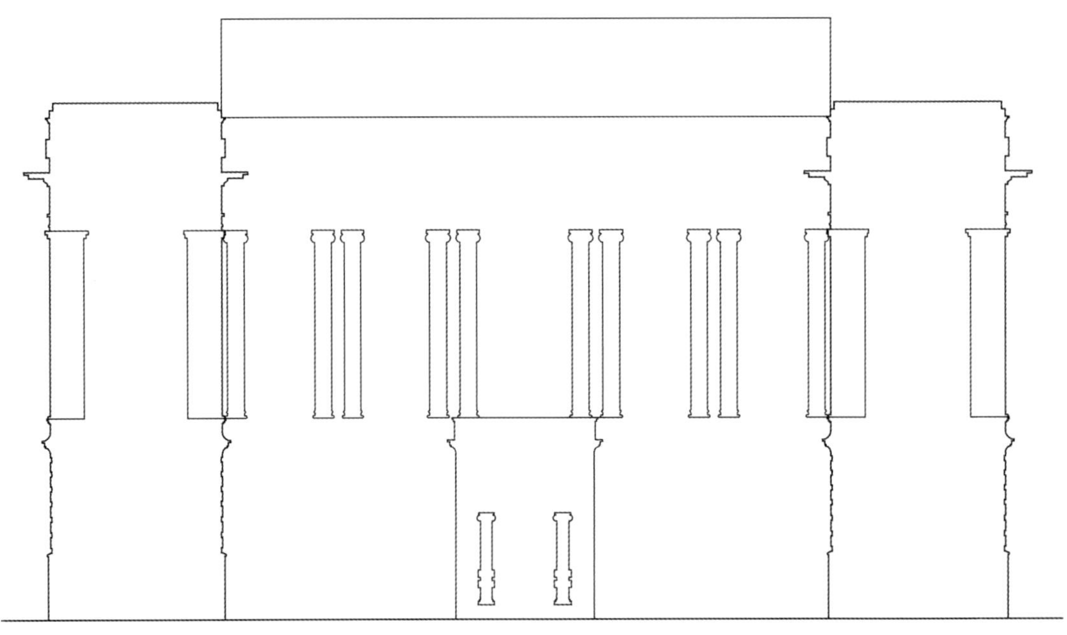

图15-15　韵律

16
第十六章

第十六章 汉口商业银行大楼

汉口商业银行大楼现为武汉市少年儿童图书馆，位于汉口南京路64号，处于南京路与胜利街交汇处。该建筑始建于1931年，并于1934年11月开业，建筑占地面积1100m^2，建筑面积4730m^2，半地下室一层，地上五层。该建筑由上海工程师陈念慈设计，汉口汉兴昌营造厂修建，各类建筑材料大部分由外国进口，因此质量比较好，总造价高达32万多元。此大楼总体上属于西方古典风格，但局部有一些中式建筑的符号，如顶部的亭子和重檐等。

第一节　历史沿革

汉口商业银行大楼历史沿革

时　间	事　件
1934年11月12日	汉口商业银行在汉口法租界西贡街113号（现中山大道黎黄陂路口）开业。后迁至今胜利街南京路口新建大楼。
1938年	日军占领武汉后，以该建筑为市政府办公所在地。
1939年4月20日	汉口特别市政府在此成立。抗日战争期间，楼顶平台遭多枚炸弹燃烧袭击，平台上的建筑物被毁坏。
1946年	汉口商业银行增资复业，曾照原样修复。解放后，此处为中南军政委员会财政部，曾拨交武汉钢铁公司作办公室、招待所用。
1958年2月	武汉图书馆迁入此楼并对外开放。
1998年5月	被公布为武汉市文物保护单位，目前保护较好。
2000年12月	武汉图书馆搬迁新馆址后，该建筑闲置。
2003年	为了改善市少儿图书馆的馆舍条件，经市少儿馆、市文化局申请，市政府批复对该楼进行加固、维修后，拨给市少儿馆使用。
2008年	被公布为湖北省文物保护单位。

第二节　建筑概览

汉口商业银行大楼平面成方形，为局部六层砖混大型公共建筑，南北略长，东西略短。由上海工程师陈念慈设计，汉口汉兴昌营造厂修建，建筑质量较好，造型美观大方。整体布局呈围合状，中庭上部设置玻璃顶棚。整体立面采用西方古典风格，三段式构图，严谨对称。第一段为底部台阶，第二段与第三段均为两层，中间的柱廊有六根廊柱，两边单柱，中间两组双柱，中间和侧面入口均为拱券门，整个建筑色调较浅，横向勾缝处理，石制贴面和灰色水泥砂浆结合使用，风格简约大方。大量希腊柱头和罗马柱头的混

图16-1　汉口商业银行大楼透视实景图（1）

合使用丰富了立面的造型。主入口的处理精美细致，其中东立面的主入口采用了复杂的洛可可装饰手法。顶层南部设有一独立歇山建筑，点缀着南立面西方古典风格；北部屹立两个中式建筑的亭子，与歇山建筑遥相呼应，形成了汉口商业银行独特的混合色。建筑层高较低，一层空间高大，局部设置夹层，做办公使用。房间数目均衡合理，功能分区明确，整个建筑通过中心轴线大体左右对称，房间内有壁炉，门窗做工考究精细，柱头有精美花饰，线脚处理复杂美观。该建筑具有极高的历史价值与艺术价值，1998年5月被公布为第四批武汉市文物保护单位，2008年又被公布为湖北省文物保护单位。

汉口商业银行大楼照片详见图16-1至图16-7所示。

图16-2　汉口商业银行大楼透视实景图（2）

图16-3　汉口商业银行大楼沿南京路立面实景图

图16-4 汉口商业银行大楼沿胜利街立面实景图

图16-5 主入口

图16-6 柱饰

图16-7 楼顶景观亭

第三节　技术图则

依据建筑实测图纸，部分辅以三维建模，用技术图则方式解析汉口商业银行大楼建筑的环境布局、平面布置、功能流线、围护结构、采光及通风等规划建筑诸元素。汉口商业银行技术图则详见图16-8至图16-23所示。

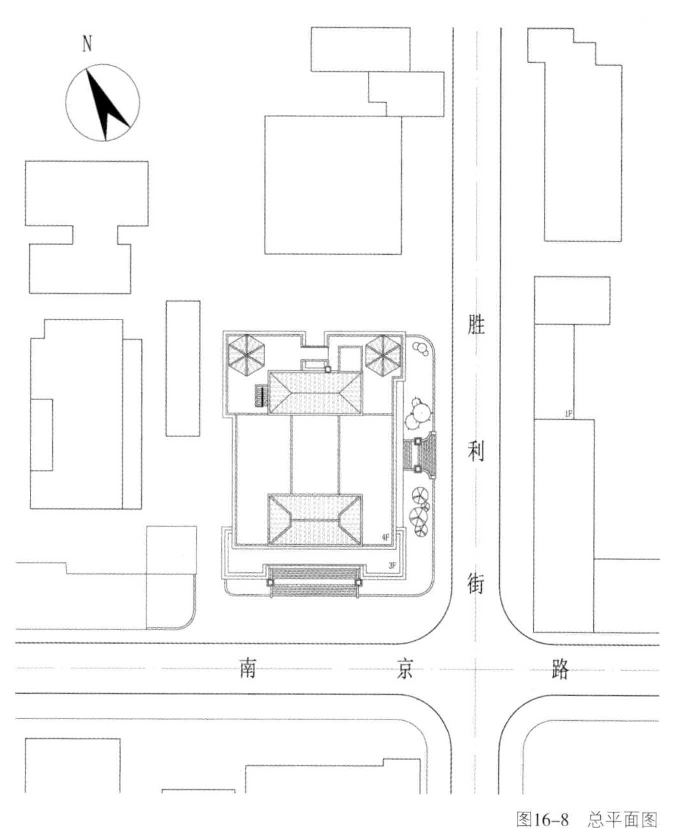

图16-8　总平面图

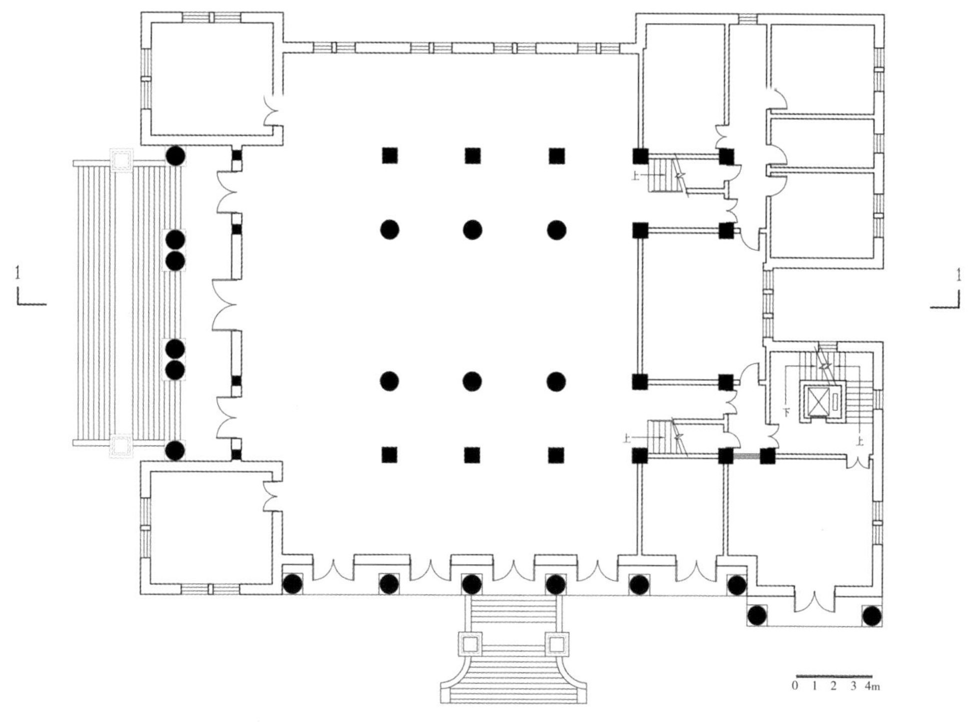

图16-9　一层平面图

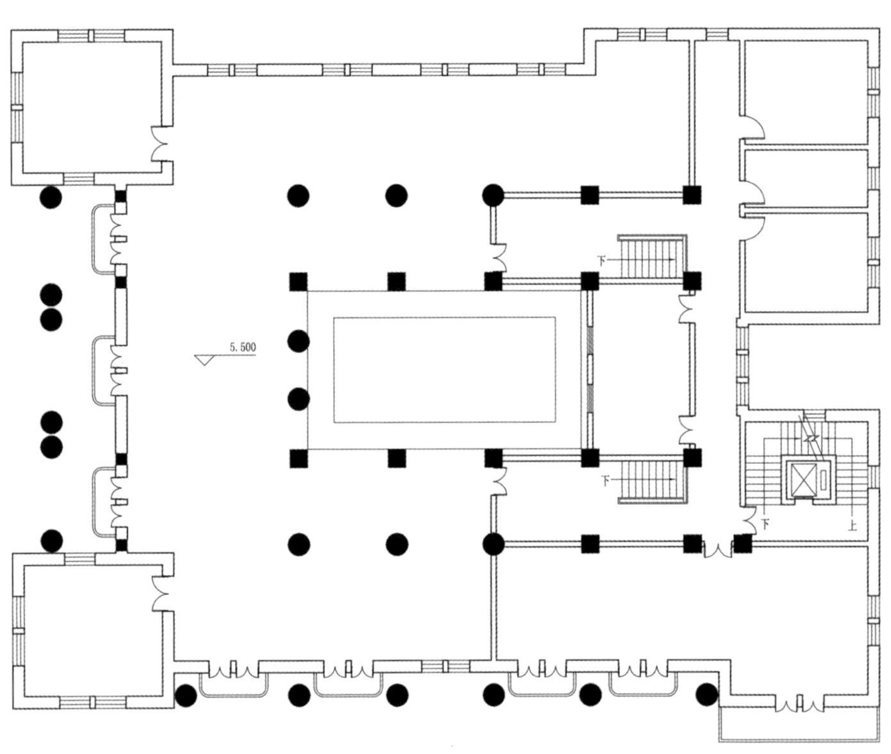

图16-10　二层平面图

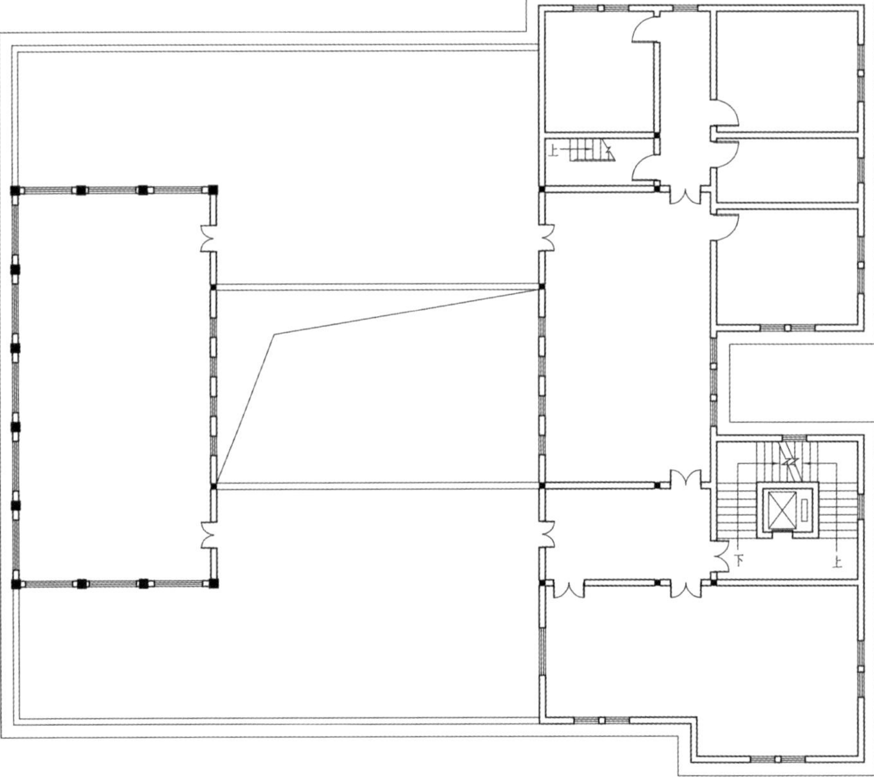

图16-11　三~五层平面图

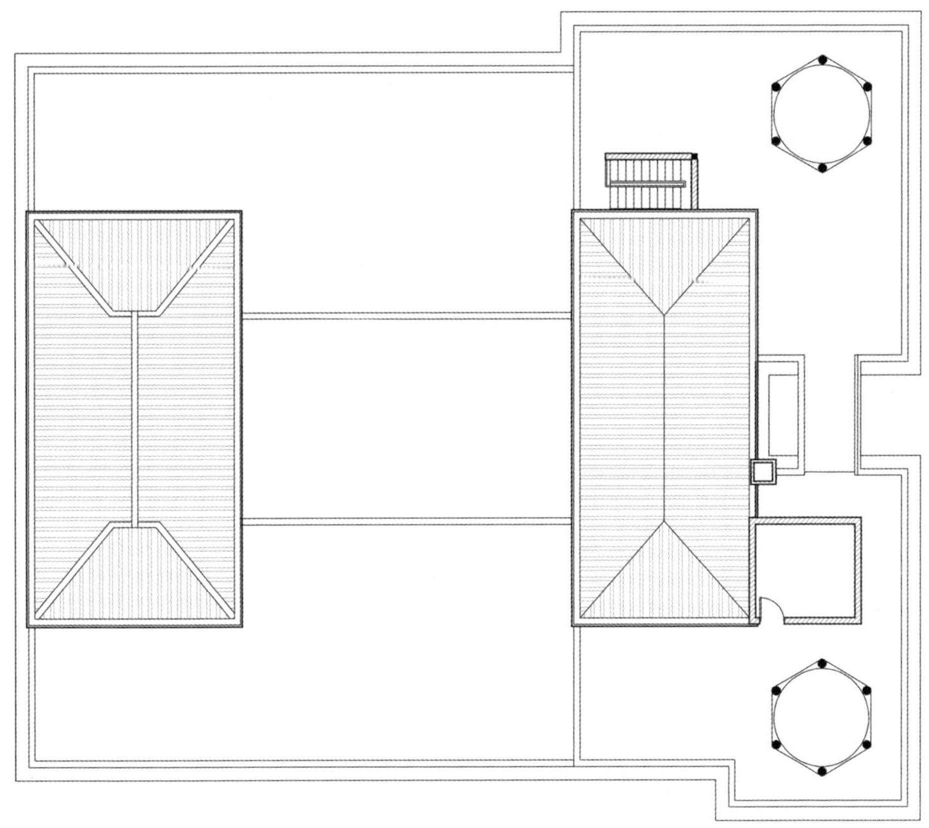

0　1　2　3　4m

图16-12　屋面层平面图

图16-13　沿南京路立面图

图16-14　沿胜利街立面图

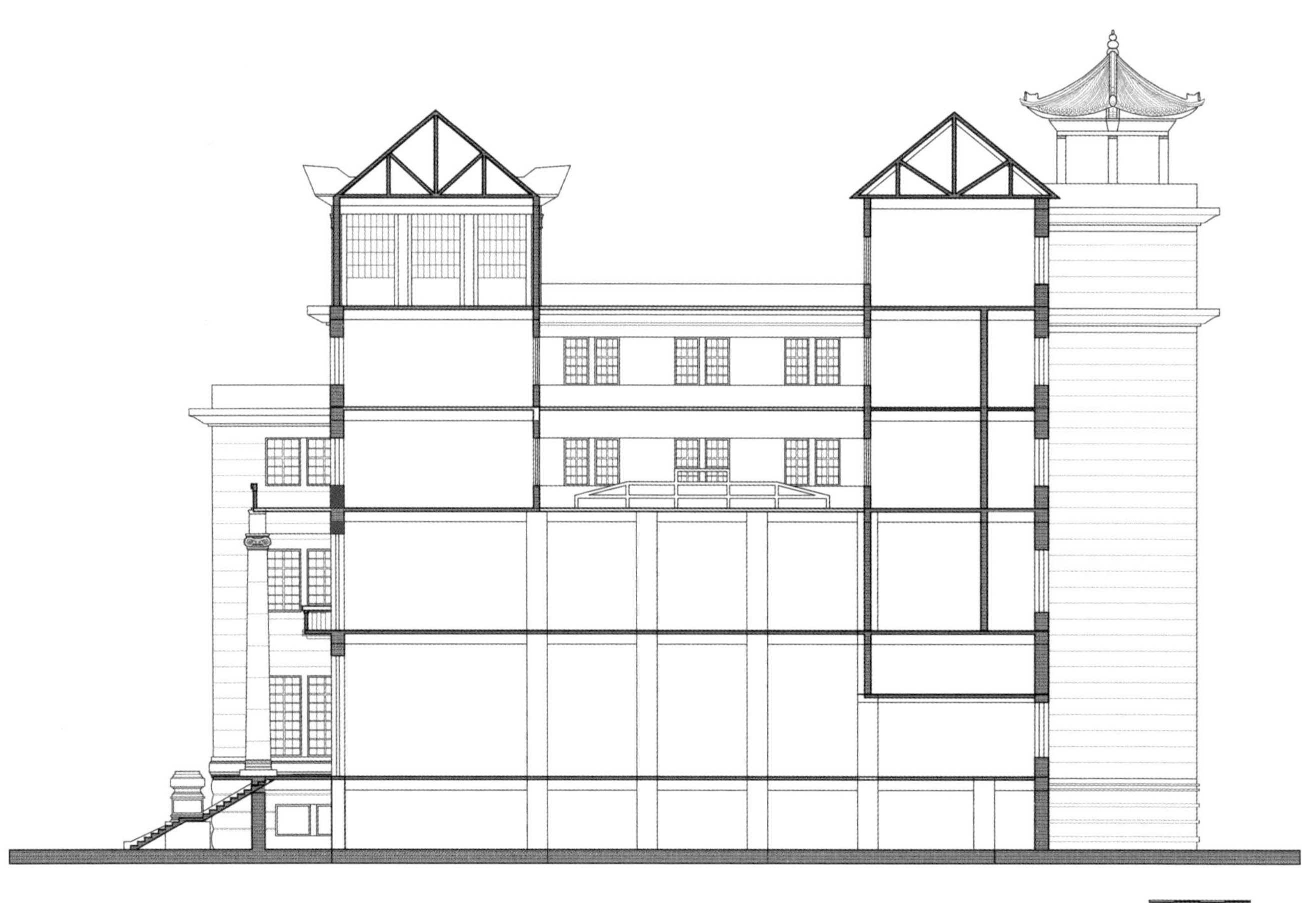

图16–15　1–1剖面图

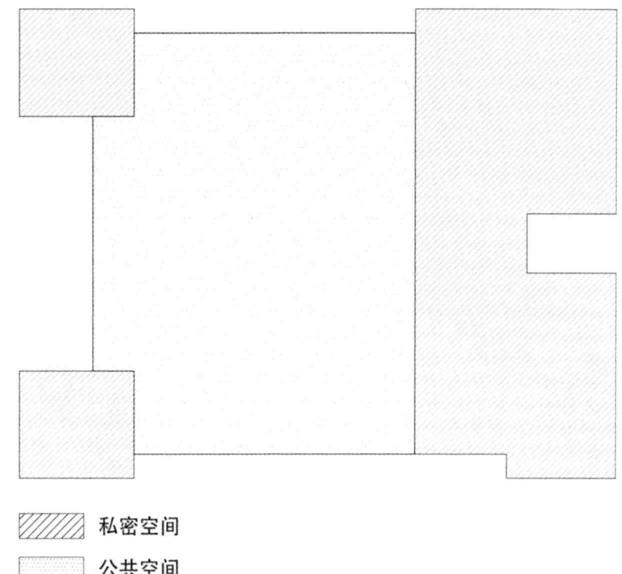

图16-16　公共与私密

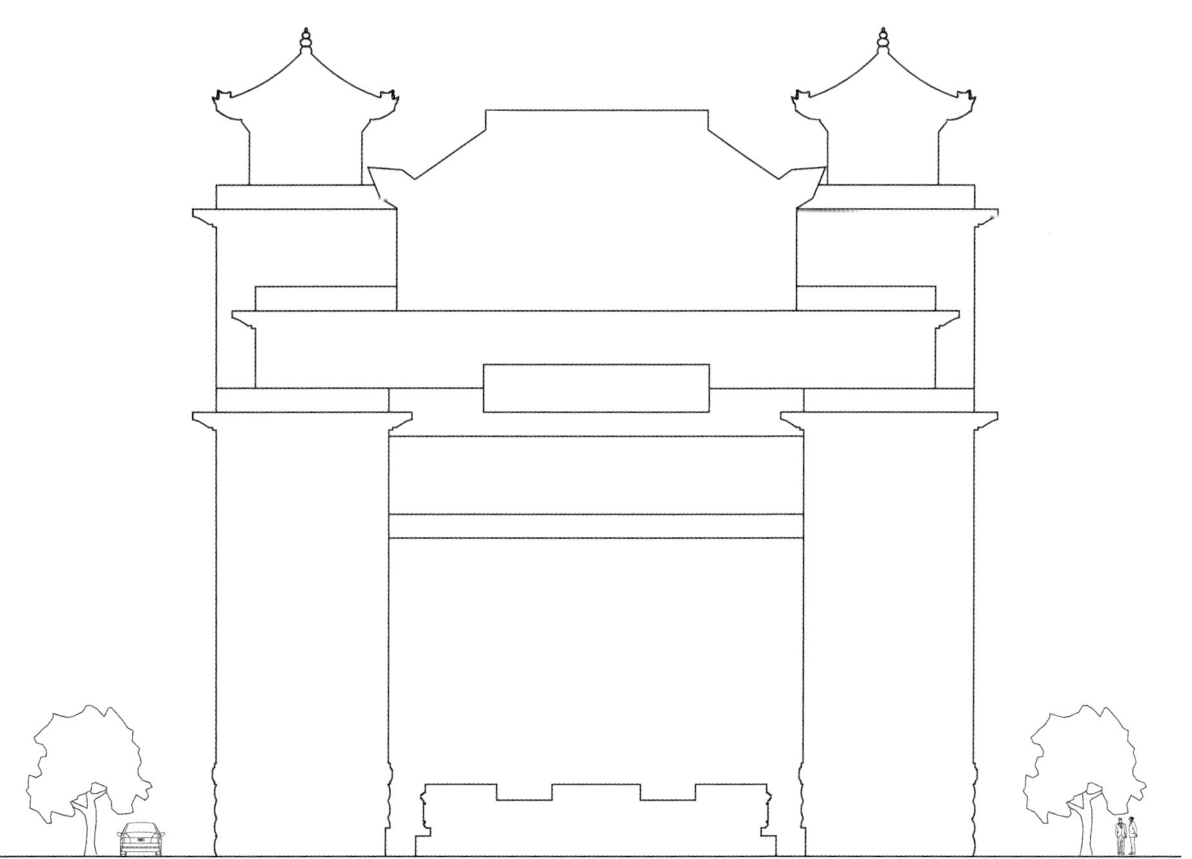

图16-17　体量关系

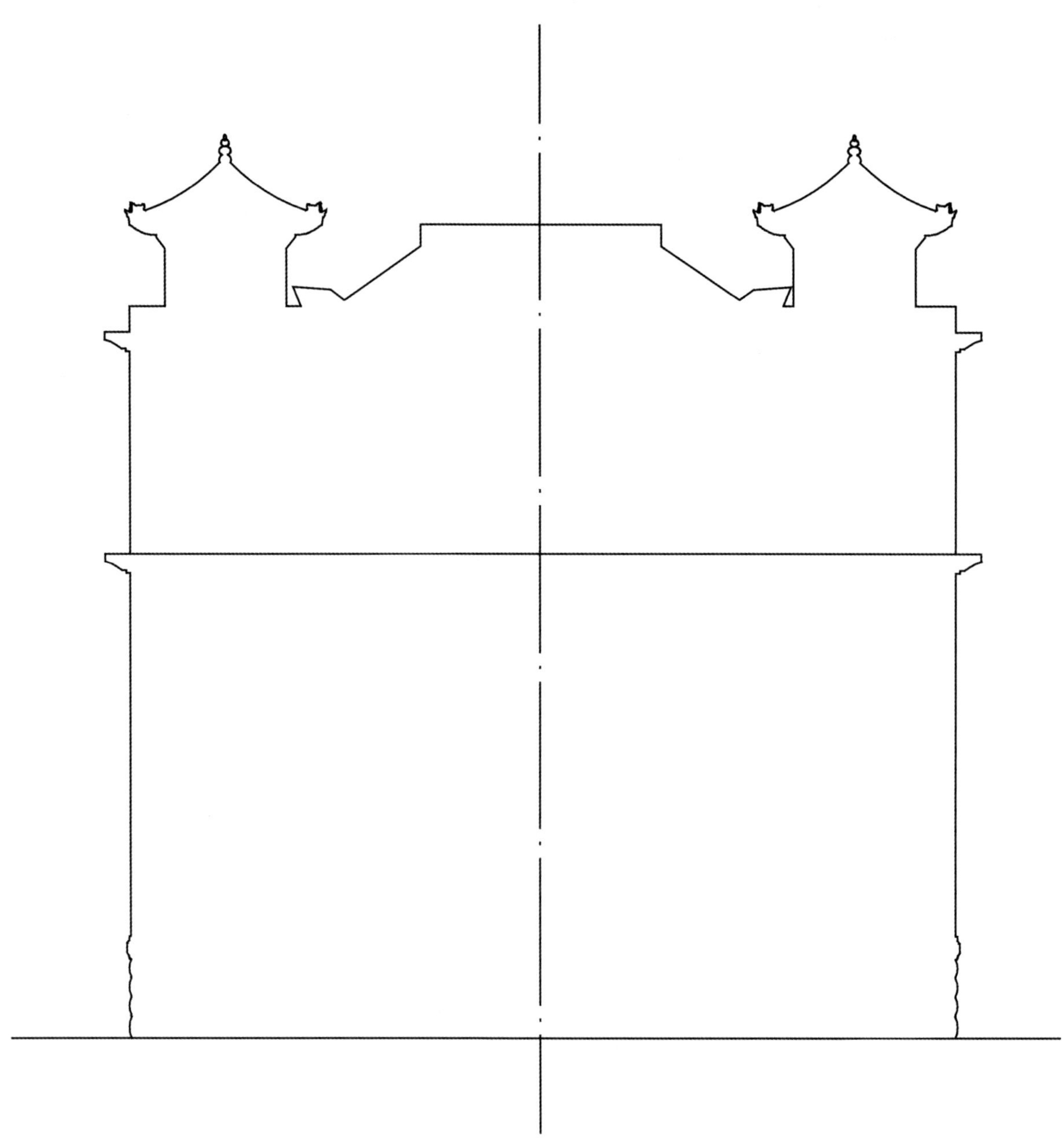

图16-18　对称与均衡

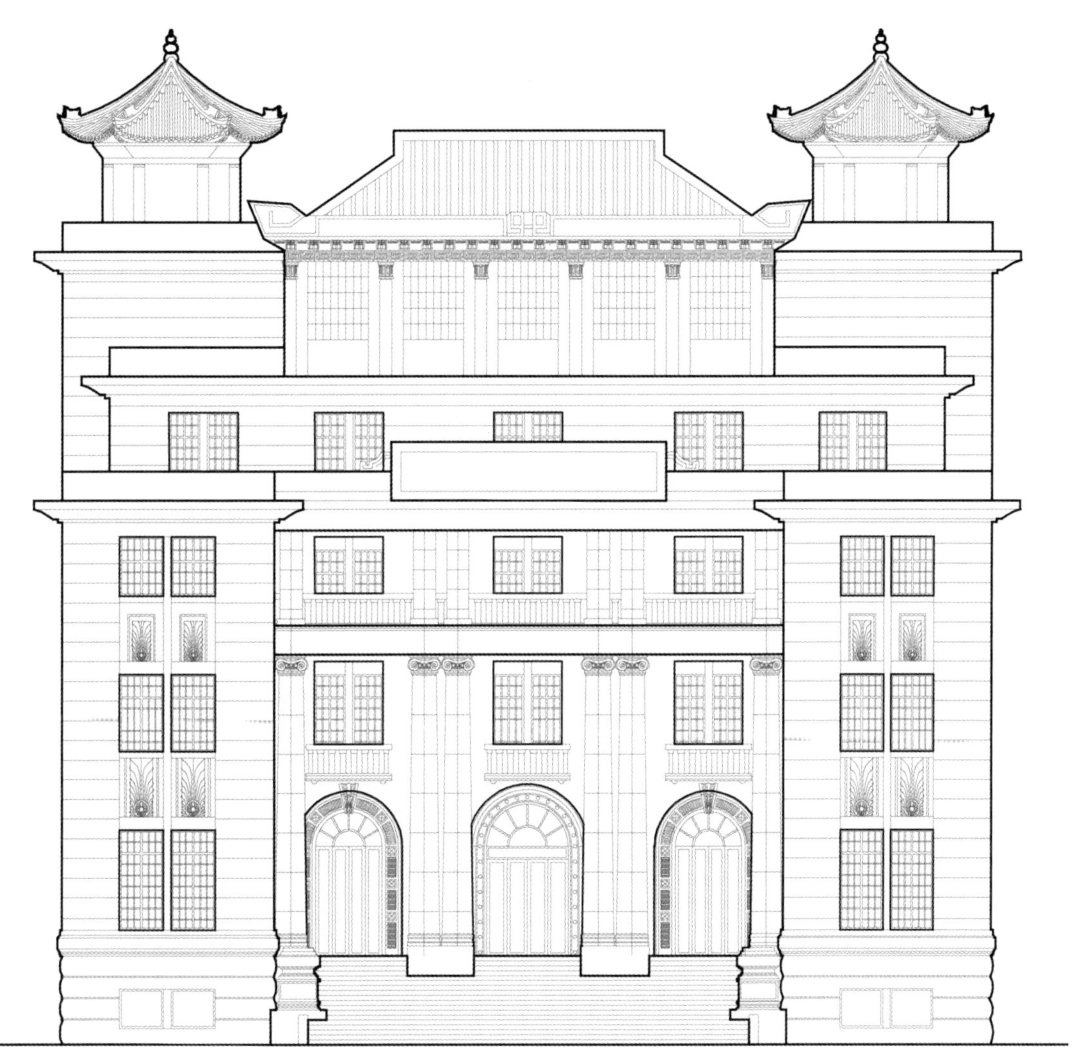

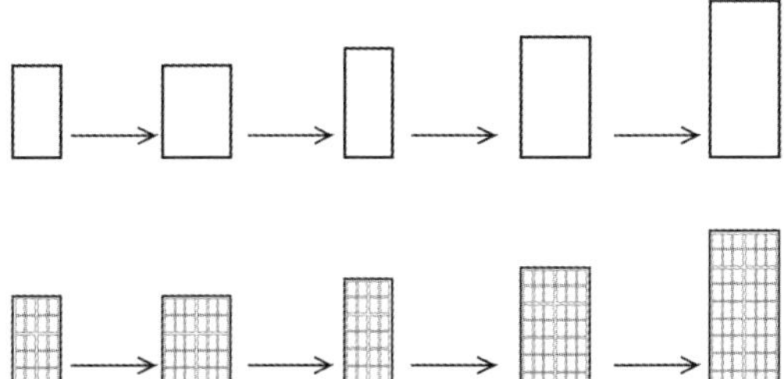

图16-19　重复与变化

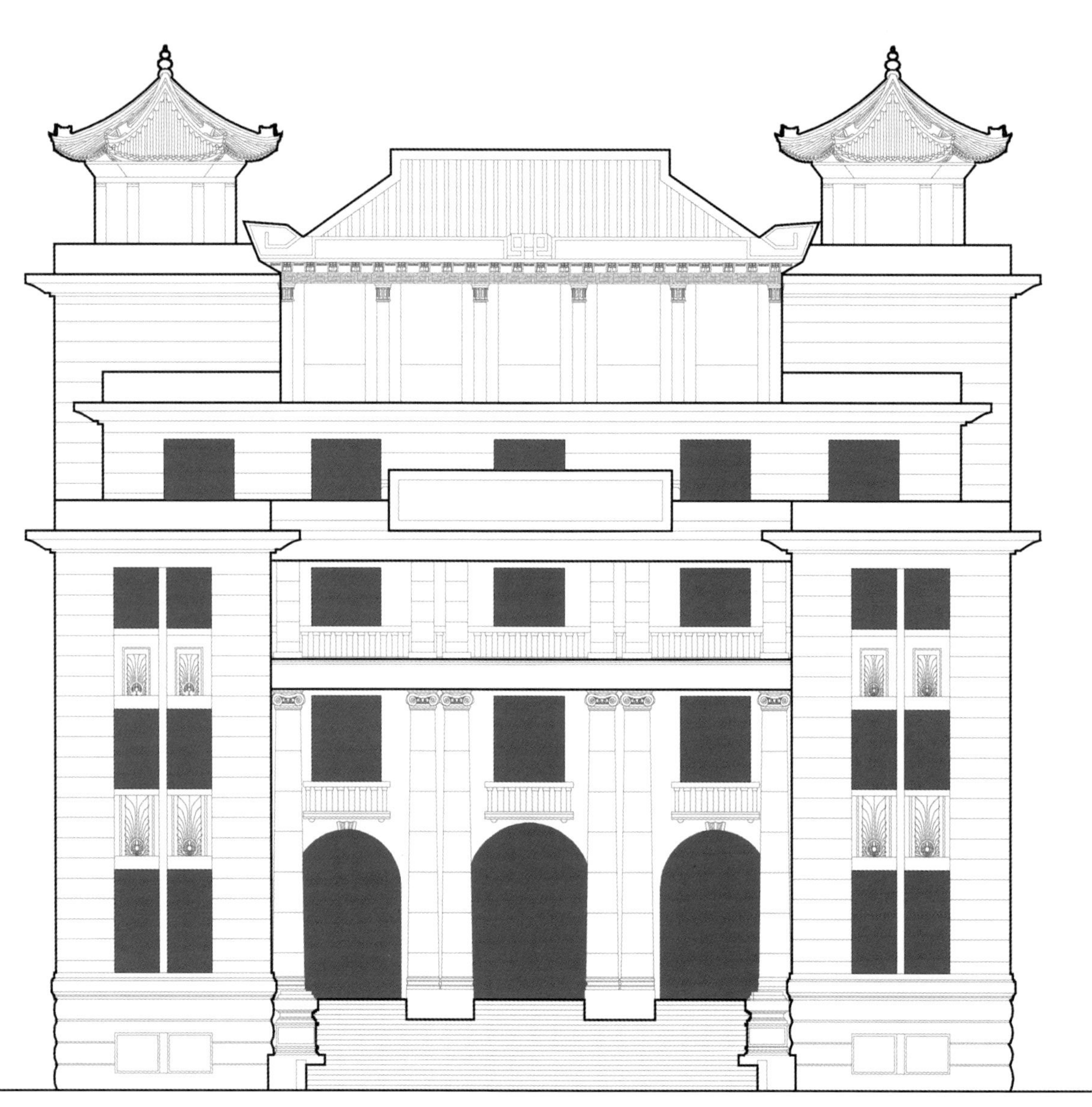

图16-20　立面凸凹

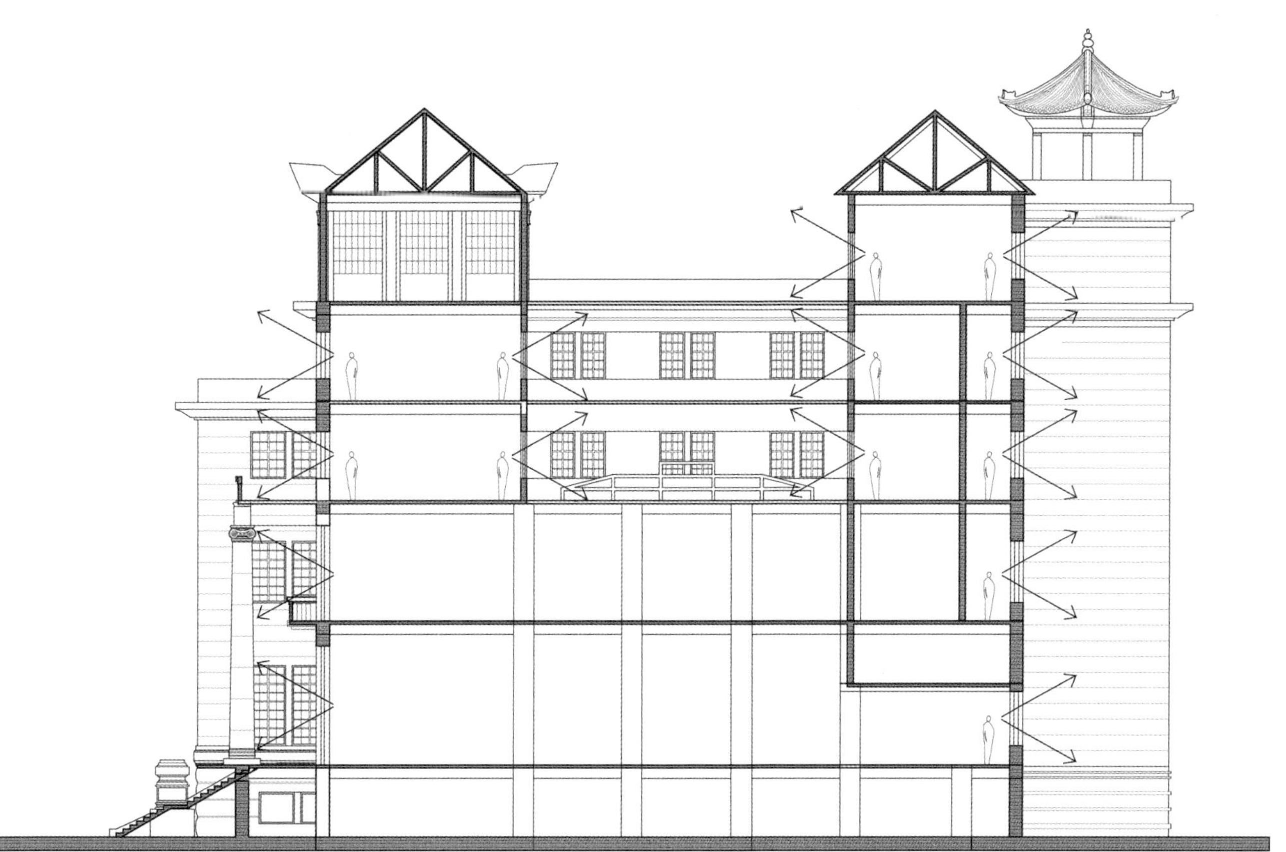

图16-21　视线分析

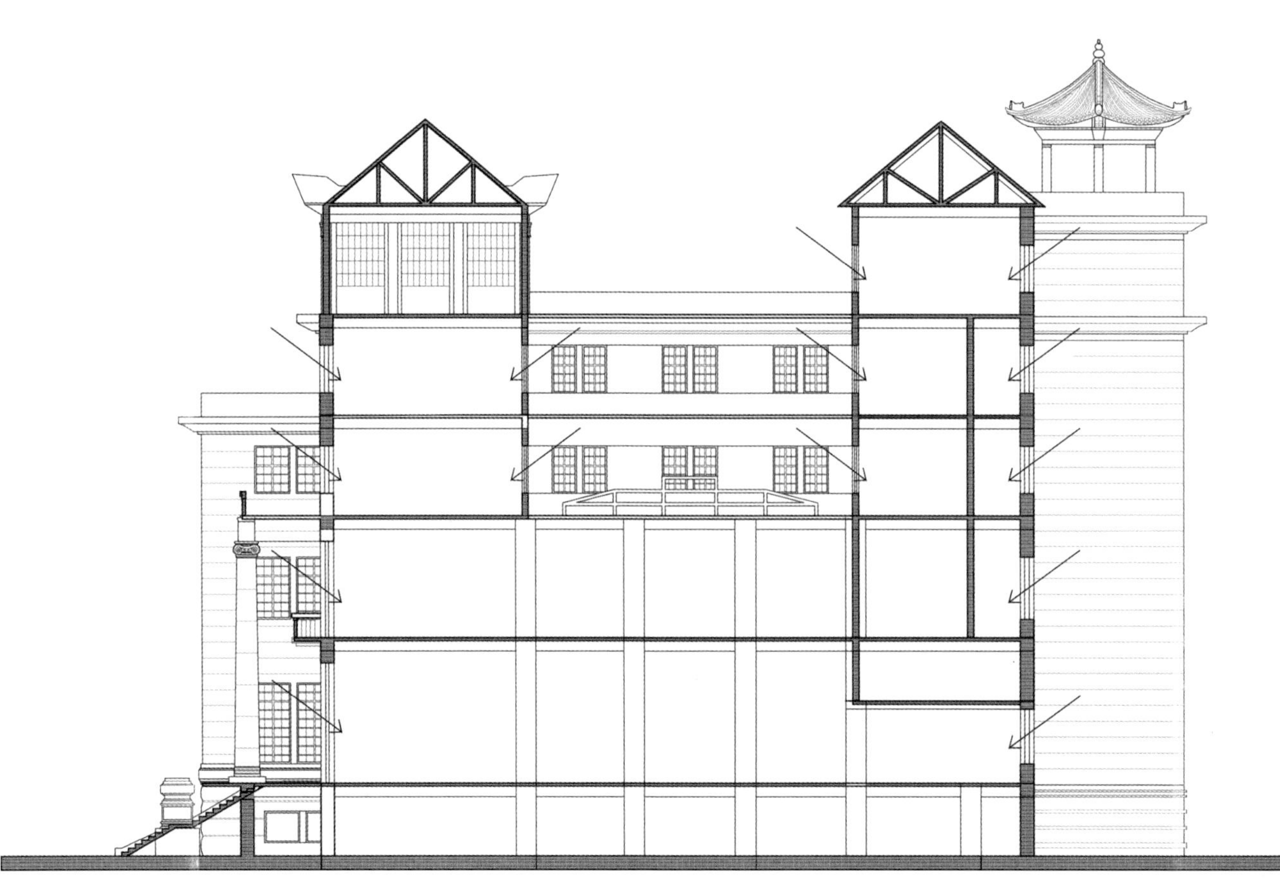

图16-22　采光分析

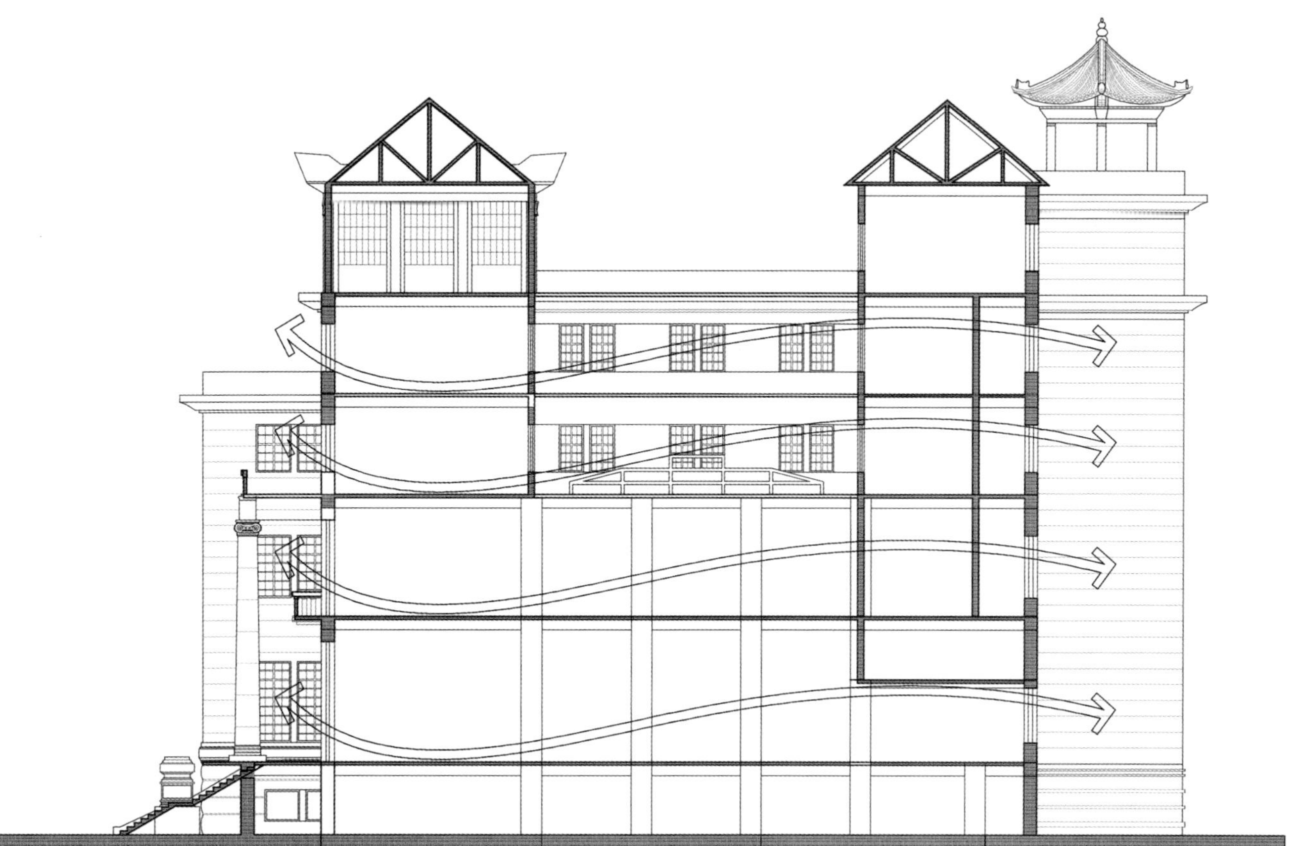

图16-23　通风分析

附录：武汉近代金融建筑年表

附表 1　武汉近代金融建筑年表

图例	名称	地点	变更后使用单位	建成时间
	汉口麦加利银行大楼	洞庭街41号	中国银行	1865年
	汉口汇丰银行大楼	沿江大道143-144号	光大银行汉口分行	1917年
	东方汇理银行汉口分行旧址	沿江大道171号	省农业银行高级金融会所	1902年
	汉口花旗银行大楼	青岛路1号	中国工商银行	1921年

续附表1

图例	名称	地点	变更后使用单位	建成时间
	华俄道胜银行汉口分行旧址	沿江大道161-162号	宋庆龄纪念馆	1896年
	汉口横滨正金银行大楼	沿江大道129号	湖北省国际信托公司	1894年（1921年拆除重建）
	台湾银行汉口分行旧址	江汉路21号	中国人民银行	1915年
	中国银行汉口分行大楼	中山大道593号	中国银行汉口分行	1917年

续附表1

图例	名称	地点	变更后使用单位	建成时间
	上海银行汉口分行	江汉路60号	中国工商银行	1920年
	汉口交通银行旧址	胜利街2号	中国建设银行	1921年
	汉口盐业银行大楼	中山大道998号	工商银行江岸区支行	1926年
	浙江实业银行汉口分行旧址	中山大道910号	“非常台北”婚纱摄影店	1926年

续附表1

图例	名称	地点	变更后使用单位	建成时间
	汉口金城银行旧址	中山大道1209号	武汉美术馆	1931年
	汉口商业银行	南京路64号	武汉市少年儿童图书馆	始建于1931年，1934年11月开业
	中国实业银行大楼旧址	江汉路22号	中信银行	1936年
	四明银行汉口分行旧址	江汉路45号	商铺	1936年

参考文献

1. 章开沅，张正明，罗福惠. 湖北通史：晚清卷. 武汉：华中师范大学出版社，1999.

2. 湖北省地方志编纂委员会. 湖北通志：大事件. 武汉：湖北人民出版社，1994.

3. 李传义，张复合. 中国近代建筑总览：武汉篇. 北京：中国建筑工业出版社，1998.

4. 武汉地方志编纂委员会. 武汉市志：社会志. 武汉：武汉大学出版社，1997.

5. 武汉地方志编纂委员会. 武汉市志：城市建设志. 武汉：武汉大学出版社，1996.

6. 武汉市地名委员会. 武汉地名志. 武汉：武汉出版社，1990.

7. 李权时，皮明庥. 武汉通览. 武汉：武汉出版社，1988.

8. 涂勇. 武汉历史建筑要览. 武汉：湖北人民出版社，2002.

9. 湖北省建设厅编著. 湖北近代建筑. 北京：中国建筑工业出版社，2005.

10. 傅欣，陈静. 论建筑的结构之美：以武汉民国金融建筑为例. 美与时代（上旬刊），2013（8）：64-66.

11. 张小泉，刘红霞. 武汉百年建筑史话：之三　国母故居：华俄道胜银行大楼. 武汉建设，2008（1）：36-37.

12. 张小泉，刘红霞. 武汉百年建筑史话：之二十　黑白街景：汉口横滨正金银行大楼旧址. 武汉建设，2012（3）：40-41.

13. 颜小苗. 景明洋行. 大武汉，2011（11）.

14. 阎炜，胡晶晶. 东方汇理银行：百年前的“洛可可风”. 武汉都市圈，2011（5）：80.

15. 张小泉，刘红霞. 武汉百年建筑史话：之七　扼咽之地：汉口大清银行大楼. 武汉建设，2009（1）：42-43.

16. 李斐. 中山大道. 大武汉，2010（24）.

17. 李传义. 汉口旧租界近代建筑艺术的历史反顾. 华中建筑，1988（3）：40-45.

18. 阮家东. 中国光大银行武汉分行办公大楼：汉口近代建筑群中最为闪亮的一颗明珠. 科技创业家，2011（8）：80-81.

19. 张公浩，常石. “南三行”之浙江实业银行. 金融博览，2012（10）.

20. 颜小苗. 很汉口，很外滩. 大武汉，2011（11）.

21. 康军. 上世纪五十年代初的汉安邮. 武汉文史资料，2006（9）：52-53.

22. 黄金周. 汉口中山大道昔日的银行大楼. 武汉文史资料，2002（2）：35-36.

23. 李瑞洪，郭成. 武汉美术馆：用艺术美丽一个城市. 武汉文史资料，2013（3）：60-64.

24. 张小泉，刘红霞. 武汉百年建筑史话：之二十一　人聚财旺：汉口聚兴诚银行大楼旧址. 武汉建设，2012（4）：42-43.

25. 杨海鹰，童乔慧. 四明银行与武汉近代建筑的Art Deco风格. 华中建筑，2008（9）：189-193.

26. 李治镇. 武汉近代银行建筑：续. 华中建筑，2000（1）：104-108.